ゼロから学ぶ
微分積分

小島寛之

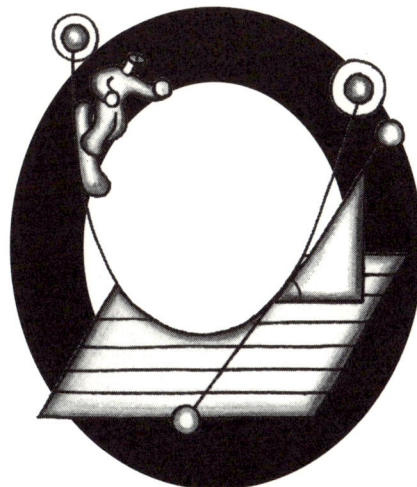

1人の学生が、公園の池のほとりのベンチに腰を掛けてボーっとしていた。その頭には微積分の教科書が乗せられ、みるからにっけいな格好であった。不意にその背後から声をかけるものがいた。驚いて振り向いた学生の頭から、ドサっと教科書が地面に落ちた。
男「きみきみ、頭に教科書なぞ乗せて、途方にくれた様子じゃな」
学生「これはどうも。その通りなんです」
学生が見上げると、男はひどくやせた老人で、インドの聖者のような髭をしている。学生はちょっとひるんだが、気を取り直して言った。
学生「大学の期末試験が迫っているのですが、どうも微積分の勉強が思うようにはかどりません。あなたは?」
男「微積分か…。くわばら、くわばら…」
学生「桑原(くわばら)さんとおっしゃるんですか?」
男「まあ、そう呼びたいなら、そう呼んでもかまわんけど」
聖者風の老人は、白く長い髭をなでながら、笑って答えた。
これが、学生と桑原の出会いであった。そして、その日から桑原による微積の講義が始まった。

講談社

はじめに……　この本、何がウリ？

　この本は大学初年級レベルの微積分の入門書である。いろいろと工夫や仕掛けがしてあるので、それらのセールスポイント、つまり書く側の力点を列挙しながら、本書がどんな読者に向いているか、また、どんな風に利用したらいいか、かいつまんで述べてみよう。

ポイントその1
　本書では「よーするに、こういうこと」「なーんだ、そういうことか」を大切にする。
　数学の教科書の多くは、どちらかというと、しゃちこばって（いかめしく）堅苦しい書き方をしている。それは数学者という人たちが、職業柄、飛躍や見落としなどの落ち度がないように、慎重に本を書く習性を持っているので仕方がない。
　しかし、これは読者にけっこう苦痛を強いている。読者はイメージが湧かず、結局、呪文のような数式を丸暗記するはめになるのである。
　それに対して本書は、形式的な書き方を極力避けて、イメージがよくつかめるように心を配った。かなり大胆に、「よーするに、こういうことなのだ」と、考え方の急所を突くような記述を試みた。
　したがって本書は、大学レベルの微積分になって急に雲をつかむような気分になり、具体的なイメージが捉えられないで辟易している人々に向いている。本書では今まで誰も教えてくれなかったツボを押さえ、「なーんだ、そういうことだったのか」という納得を読者に提供したいと思う。
　しかしそのために、「厳密性」を犠牲にせざるをえない、という副作用もある。水も漏らさぬ論理で数学を理解する必要に迫られている人は、本書のあとに、もっと伝統的な形式で書かれた数学書を読まなければならないだろう。しかし、そのような本に、最初から素手で立ち向かうのは無謀

というものである。そういう計画を持つ人でも、本書で具体的な微積分のイメージをつけて挑むに越したことはない。

ポイントその 2
　　ことばと図解の相乗効果をねらった。
　読者に豊かなイメージをもってもらうために、特に「ことばによる説明」に力を注いだ。多くの数学書は、解説を数式と図に頼ってしまいがちである。書いている本人は慣れているから、それでわかるが、読んでいる初心者には、あまりにも敷居が高い。それはあたかも、音楽を譜面だけから再現しようとしているようなものである。これは、音楽（数学）を生業としていない人にはなかなか困難なことである。

　そこで本書では、できるだけことばを尽くして丁寧に解説することを心掛けた。参考にしたのは、ロシアの天才数学者ポントリャーギンの書き方である。ポントリャーギンは幼少期の事故のせいで全盲となり、数学者生活全体を視覚の助けなしに送った。そんなわけで、彼は本を書く際は、ことばを非常に繊細に利用している。文章を読んでいるだけで、図や数式が思い浮かんでくるような、饒舌で巧みな書き方をしているのである。

　もちろん、ポントリャーギンと肩を並べるなどという、おこがましいことはいわないが、少しでも読者の理解をイメージ豊かなものにするために、ことばを駆使する努力は怠らなかった。

ポイントその 3
　　物理学や経済学から豊富な例を取り入れた。
　本書のもうひとつの大きな特徴は、具体的な現象例をたくさん取り入れていることである。数学の解説書は一般に数学の中だけで閉じているものがほとんどだが、本書では逆に、自然現象や社会現象を利用して、できるかぎり数学概念を具体的にイメージ化してもらうように工夫してある。

　数学というのは精緻な閉じた体系であり、それゆえ厳密で美しくもある。だから、生まれつき数学の学習そのものに向いている人には、その厳密性や美観はこたえられないものであろう。しかし、その他大多数の人に

は、このような数学は、自分とは縁もゆかりもない抽象的なものに映るに違いない。本書ではそういう人々へ、微積分学の有用性を訴えるために、具体的な現象を多々お見せしようと試みているのである。

とくに本書で扱う素材は、物理学と経済学である。

この２つは、理系と文系の数理科学の代表選手であり、ともに数学が本質的な役割を果たしている。この２つの分野での現象例を取り上げることで、現実と数学との接点を知ることができ、また、微分係数やリーマン積分や偏微分やラグランジュ乗数などの意味が明快に伝わると思うのである。したがって本書は、理系、文系どちらの学生が読んでも面白い本だと、内心、自負している。ちなみに、このような本の執筆を思いつかせたのは、筆者が大学において、学部では理系（数学）、大学院では文系（経済学）を専攻したからであり、職業的にも、数学エッセイストにして経済研究者だからである。

ポイントその４
軽い会話で、くつろぎのひとときを。

「ゼロから学ぶ」シリーズの特徴は、会話が導入されていることである。本書でも「青空ゼミナール」と称して、謎の老人と学生との会話がふんだんに入っている。この会話では、微積分の素朴な疑問や哲学的な背景、歴史的な経緯などの裏話に花を咲かせる。また、本文に書くのはちょっとはばかられるような、公式の比喩的な解釈なども大胆に取り入れてある。疲れた頭を癒すのに、利用していただければ幸いである。また、オチも用意してあるのでお楽しみに（オチだけを先に読まないようにね）。

ポイントその５
練習問題は簡単なものばかり。

本書には各章・各節に練習問題がたくさん入っている。それらはできるだけ簡単な問題であるように配慮した。本によっては、本文と練習問題のギャップが大きすぎて、読者はともすれば理解不能になり、自信を失うようなことも少なくない。本書では、読者がそのような憂き目を見ないよう

に、練習問題は、本当に基本的で本質を突くものだけにしぼってある。是非、全問にチャレンジすることをお勧めしたい。

ポイントその6
すべてのニーズに応える本である！

あなたが数学のユーザーであるならば、あなたがどんな立場の人で、どんな専門を持っていようと、きっと本書はあなたのお役に立てるだろう。

たとえばあなたが、理系の大学生や大学院生で、物理や工学や生物学の勉強のために、微積分を必要としているのなら、本書はその根本的な発想を提供できるだろう。もしもあなたが、文系の大学生や大学院生で、経済学や社会学や心理学のために、微積分を習得する必要に迫られているのなら、本書はてっとり早くそのツボを教えて差し上げられるだろう。また、あなたが大学の数学の講義にうんざりしていて、だいぶ投げやりになっているのなら、必ずや本書が助け舟となるはずである。またあなたが高校や大学で数学を教えておられ、学生の不理解に悩んでおられるなら、本書は教え方のアイデアを提供できる。あるいはあなたが社会人で、ファイナンス業務の一環として、最近はやりの金融工学の知識を得る必要に迫られているが、もとより微積分の知識がネックになって困りはてているのだとしたら、あなたが手にするべき本の1冊はこれである。さらにあなたが、高校生で、高校数学はだいたいわかってしまって、次に進みたいが、何を読んでいいかわからないとしたら、迷わず本書を読むべきである。このように本書は、さまざまなニーズに応えることができるよう、工夫をこらした。

目次　V

ゼロから学ぶ微分積分　　　　　　　　　　　　　　　　　目次

1章　微分を体で感じる ……………………………………………… 1

    プロローグ ……………………………………………………………… 1
    ゼロから学ぶ人のために ……………………………………………… 1

1.1. 微分をゼロから考えよう ………………………………………… 2
    微分の基礎は中学校にあり …………………………………………… 2
    山は絶好のモデル ……………………………………………………… 3
    もう1つの直感的方法 ………………………………………………… 5
    微分を定義しよう ……………………………………………………… 6
    青空ゼミナール　0.999…と1は等しい？ …………………………… 9
    理想的傾斜とはなんのこと？ ………………………………………… 11
    微分係数の図形的な意味 ……………………………………………… 12
    ライプニッツ記号はとても便利なのだ ……………………………… 15
    導関数を一般的に定義しよう ………………………………………… 17
    青空ゼミナール　微分では0÷0が許される？ ……………………… 17

1.2. 微分はつかえる! ………………………………………………… 19
    接線の方程式 …………………………………………………………… 19
    青空ゼミナール　微分と方丈記 ……………………………………… 22
    関数の値を近似する …………………………………………………… 25
    青空ゼミナール　1あたり量に直す理由は？ ……………………… 27
    微分係数を現実のモデルから理解する ……………………………… 28
    （物理学からの例）ガリレオの落体法則 …………………………… 29
    （経済学からの例）限界費用 ………………………………………… 31
    青空ゼミナール　微分の市民権 ……………………………………… 32

1.3. 微分係数の演算法則をまとめよう ……………………………… 35
    和と定数倍の微分公式 ………………………………………………… 35
    動く歩道も数学 ………………………………………………………… 38
    積の微分公式 …………………………………………………………… 39
    商の微分公式 …………………………………………………………… 43
    合成関数の微分公式 …………………………………………………… 44
    応用例 …………………………………………………………………… 49

1.4. 微分でわかる（？）、最大値・最小値 ·········· 50
極値条件 ·········· 50
グラフの描き方 ·········· 53
微分法で、世界を捉えよう ·········· 55
（物理学からの例）炭酸飲料の泡 ·········· 56
（経済学からの例）供給曲線 ·········· 57
平均値の定理はすごい定理である ·········· 59
「平均値の定理」を物理から直感しよう！ ·········· 62

2章 積分とはこういうことだったのか ·········· 65
面積を疑う ·········· 65

2.1. 積分もゼロから考えよう ·········· 66
連続的に変化する量を集計する ·········· 66
リーマン和とは面積もどきである ·········· 68
青空ゼミナール　厳密ってどういうこと？ ·········· 70
リーマン和を具体的に計算してみよう ·········· 74
積分の計算公式 ·········· 76

2.2. 積分が計算できる! ·········· 78
微積分学の基本定理は、人類の財産なのだ ·········· 78
積分、最初の定理 ·········· 82
青空ゼミナール　相乗平均って何だ？ ·········· 84
微積分学の基本定理の切れ味を試そう ·········· 85
置換積分は、めもりを変えて測るだけのこと ·········· 86

2.3. オドロキの積分利用法 ·········· 90
原始関数はどんな関数にも存在するのか ·········· 90
積分を利用して、新しい関数を創造する ·········· 92
部分積分を使って、関数を拡張しよう ·········· 97
ガンマに隠された謎 ·········· 99
地球とりんごと原子と ·········· 101

3章 テーラー展開は、関数の仕立て屋 ·········· 103
あくまで直感にこだわる ·········· 103

3.1. パラメーターを含んだ関数 ……………………………………………… *103*
パラメーターを動かして曲線を描こう ……………………………………… *103*
三角関数の導関数を華麗に求める …………………………………………… *105*

3.2. テーラー展開 ……………………………………………………………… *108*
テーラー展開とは何か ………………………………………………………… *108*
テーラー展開を利用して、極値条件を検証する …………………………… *114*
青空ゼミナール　テーラー展開とは、何をしていることなのか ………… *115*

4章　多変数も直感まかせでよくわかる ―― 偏微分 ……………………… *117*
人間の脳は 2 次元まで ………………………………………………………… *117*

4.1. 手とり足とり偏微分 ……………………………………………………… *118*
2 変数以上の関数 ……………………………………………………………… *118*
グラフの等高線分析 …………………………………………………………… *119*
基本になる双 1 次関数 ………………………………………………………… *122*
2 変数の偏微分のイメージをつかむ ………………………………………… *124*
方向を決めた微分〜偏微分の意味 …………………………………………… *127*
全微分公式を理解して、現象例に応用する ………………………………… *131*
極値を求める …………………………………………………………………… *133*
全微分公式を陰関数の微分法に応用する …………………………………… *135*

4.2. ラグランジュ乗数法 ……………………………………………………… *140*
条件付きの極値問題を解く …………………………………………………… *140*
ラグランジュ乗数法はなんてみごとなアイデアだろう …………………… *144*
ラグランジュ乗数法の拡張 …………………………………………………… *146*
ラグランジュ乗数の意味がわかる現象例 …………………………………… *149*
青空ゼミナール　ラグランジュ乗数法のココロ …………………………… *154*

4.3. 多変数の合成関数 ………………………………………………………… *157*
まずは連鎖律公式の感触をつかむ …………………………………………… *157*
いもづる式に多変数の合成関数の微分公式 ………………………………… *160*
2 変数のテーラー展開と 2 階条件 …………………………………………… *162*
青空ゼミナール　暗記は損だ ………………………………………………… *165*

5章 重積分のすごさを読んで、解いて、わかる 169

とうとう最終章 169

5.1. 小学生からの重積分 169

2変数の場合のリーマン和と重積分 169
簡単な計算例を見てみよう 172
累次積分は便利 174
青空ゼミナール　面積とはなんだろう 177
重積分の法則と面白い応用例 180

5.2. 2変数の置換積分 183

基本は同じなのだ 183
ガウス分布の積分に応用してみよう 187

エピローグ 192
練習問題解答 193
あとがき 209
索引 211

装幀／海野幸裕
カバーイラスト／本田年一
本文イラスト／横川ジョアンナ

第1章
微分を体で感じる

プロローグ

　1人の学生が、公園の池のほとりのベンチに腰を掛けてボーっとしていた。その頭には微積分の教科書が乗せられ、見るからにこっけいな格好であった。不意にその背後から声を掛けるものがいた。驚いて振り向いた学生の頭から、ドサッと教科書が地面に落ちた。

男「きみきみ、頭に教科書なぞ乗せて。途方にくれた様子じゃな」
学生「これはどうも。その通りなんです」

　学生が見上げると、その男はひどくやせた老人で、インドの聖者のような顔をしている。学生はちょっとひるんだが、気を取り直して言った。

学生「大学の期末試験が迫っているのですが、どうも微積分の勉強が思うようにはかどりません。ところであなたは？」
男「微積分か…。くわばら、くわばら…」
学生「桑原さんとおっしゃるんですか？」
男「まあ、そう呼びたいなら、そう呼んでもかまわんけど」

　聖者風の老人は、白く長い髭をなでながら、笑って答えた。
　これが、学生と桑原の出会いであった。そして、その日から桑原による微積の講義が始まった。

ゼロから学ぶ人のために

　微分は、17世紀ごろの数学者たちが考え出した。今から400年近く前

のことである。

　微分は無限小の数を取り扱う、たいへん画期的な数学であった。見えないくらい小さいがゼロではない、そういう数を利用して計算を実行するのである。しかし、この無限小を解析する学問は、一見、論理矛盾を含むようであったため、17 世紀の少なからぬ数の学者の攻撃を受けた。にもかかわらず、微分が数学のひのき舞台に登り、ここまで発展したのは、この微分という無限小の計算が、現実のものごとを解析するのに余りある有効性を備えていたからである。

　本書では微分を学ぶ人のために、現代的な構成法ではなく、むしろ 17 世紀的な展開の仕方をする。その方が、無限小の計算の魔術的な雰囲気が伝えられ、しかも直感的に微分を理解してもらえるからである。

　この章では 1 変数の微分を解説する。まず中学生で習う 1 次関数の復習から始め、その延長線上で微分に話を進める。いつでも 1 次関数の感覚を持って微分を理解することが大切である。

　この章が今後のすべての章の基礎となるので、できるだけ丹念に読んで、1 つ 1 つの知識を十分に納得しながら読み進んで欲しい。

1.1. 微分をゼロから考えよう

微分の基礎は中学校にあり

　微分・積分の講義をするにあたって、まず 1 次関数の復習から始めようと思う。読者諸君は、1 次関数をばかにしてはいけない。微分・積分をきちんと理解するには、1 次関数を深く理解していることが必要不可欠なのだ。

　実は微分・積分だけではない。1 次関数は線形代数を理解する上でも、欠かせない考え方である。図 1-1 を見て欲しい。1 次関数は、一方では、一般の関数の局所的な分析という形で「微分・積分」に発展し、他方では、連立方程式の解の分析という形で「線形代数」に発展する。さらにこの 2 つの道筋は、その後再び合流し、片や「多変数の微分積分」、また片や「微分方程式」に結晶していくことになる。

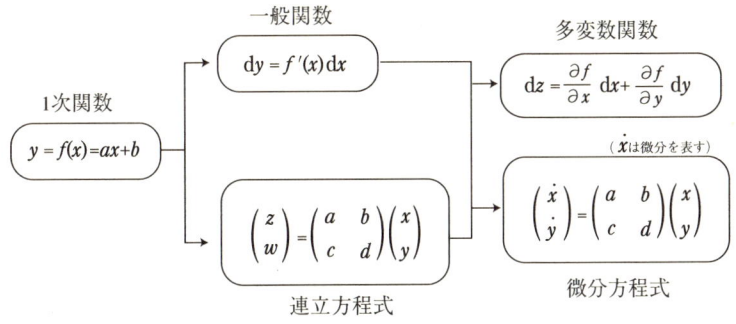

図1-1

　ちなみに、「多変数の微積分」は本書の後半で扱う。また「線形代数」は、この本の姉妹書である『ゼロから学ぶ線形代数』を参考にしていただければ幸いである。

　1次関数を理解する方法として、まず「山の斜面」をモデルにしよう。

　数学の概念を深く理解するには、「何か現実的なモデルを想定する」のがよい。現実的なモデルは、もとの概念の一部を削ぎ落としてしまう弊害もあるが、そのことは常に念頭に置いておけば済むことである。筆者の経験では、数学に秀でた人の多くはそのような方法で数学的な直感を働かしているようである。

山は絶好のモデル

　さて、図1-2を見て欲しい。これは山の斜面の断面図である。

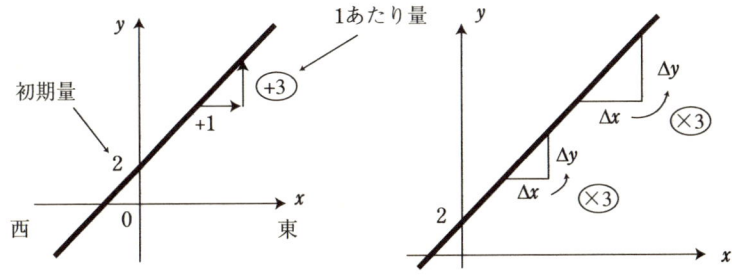

図1-2

x 軸は西から東に向かう方向、y は上空に向かう方向に設定してある。今、山の斜面の断面を表す式を

$$y = f(x) = 3x + 2$$

としよう（単位はどうでもいいのだが、とりあえずキロメートルとしておく）。

この1次関数の x の係数に現れる3という数と、定数項に現れる2という数の意味を理解することが大切である。

定数項の2は、基準点となる $x=0$ における高さ y を表しており、「y 切片」と呼ばれる。つまり、スタート時の高さ、「初期量」である。

次に、x の係数の3は、「東に1キロ進むと、高さはどのくらい高くなるか」という量を表している。数式で書くと $f(x+1)-f(x)$ であるが、これを計算すると

$$f(x+1)-f(x)=3(x+1)-3x=3$$

となって、どの地点でも一定値である。この斜面は、東に1キロ進むとき高さが3キロ高くなるような斜面であるが、もし高さが4キロ高くなるならもっと傾斜は急であるし、2キロならもっと緩やかである。あるいは0なら水平な山道になり、マイナスなら下り坂になる。

つまり、この数値は、山の斜面の「傾斜の度合い」を表しているとわかる。したがって、「傾き」と呼ばれる。

ここで、「傾き」が「1あたり量」であることをしっかり理解しておきたい。

「x 方向の増加1あたり、y 方向に3増加する」

微分の理解には、この「1あたり」の概念が重要な道具の1つなのである。

x 方向の増分を $\varDelta x$ と書くことにしよう（y 方向ならば $\varDelta y$ とする）。x が2から4に変化すれば、$\varDelta x = 2$ であり、x が3から -1 に減少すれば、$\varDelta x = (-1)-3 = -4$ である。この記号を使うと、上記のカッコの中は

「$\varDelta x = 1$ のとき、必ず、$\varDelta y = 3$」

と表現することができる。これは $\varDelta x$ と $\varDelta y$ の比例関係を表しているので、

さらに、

$$\text{「}\Delta x \text{ を 3 倍にしたものが、} \Delta y\text{」}$$

と言い換えてもいい。これを公式化してみると

$$\Delta y = 3\Delta x$$

日本語で表現するなら、

$$[標高の増分] = 3 \times [東方向の増分]$$

ということになる。

以上のことを一般的に公式にしておこう。

[１次関数の公式]

１次関数 $y = ax + b$ で、どの点においても

$$[y の増分] = a \times [x の増分]$$

つまり、x の増分に対して y の増分は一定倍になっている。

これを記号化すれば、

$$\Delta y = a\Delta x \tag{1-1}$$

もう１つの直感的方法

１次関数のもつ特性 (1-1) をイメージ化するうまい方法がもう１つある。それは x と y を「平行な 2 本の座標軸」に据えることである。

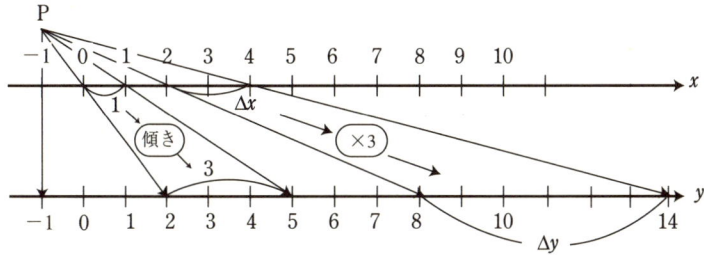

図 1-3

図1-3を見て欲しい。

平行に取ったx軸とy軸において、1次関数$y=3x+2$で対応するxとyを矢印で結んでみよう。それらの矢印は、固定された1点Pで交差する。逆に言えば、ある固定された1点Pから出る矢印によって結びつけられるxとyが、この1次関数の対応関係となるわけである。

このとき、2本の矢印のx軸での隔たりを表すΔxとy軸での隔たりを表すΔyの関係は、図からわかるように、「Δxを3倍するとΔy」という風になる。これは単に平行線の比例の法則（相似法則）である。

この見方も、本書の要（かなめ）になるものなので、頭にしっかりと焼きつけておいて欲しい。

微分を定義しよう

では、いよいよ本題に入ろう。さっきまでは、山の斜面が直線になる場合をモデルにしていた。今度は、断面図が曲線になる場合を考えることにする。例として

$$y=x^2$$

という2次関数のグラフが断面になっている山の斜面を考えよう。これは図1-4のような形になる。

ここで何を求めるかというと、「斜面の傾斜の度合い」である。

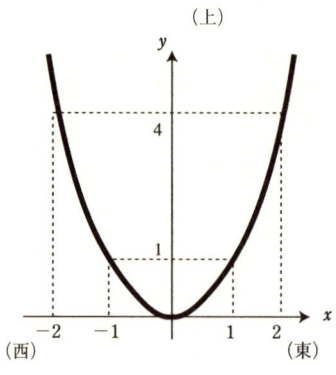
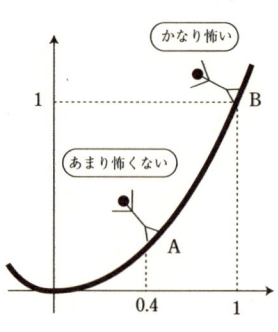

図1-4

図 1-4 を見るとなんとなくわかるように、点 A に立ってもたいして怖くないが、点 B あたりに立つと、かなりが傾斜がけわしくなって怖い。実際、東に 1 キロだけ進んだときの高さの変化（つまり傾き）を見ると、表 1-1 のようになる。

表 1-1

x の変化	Δx	Δy	$\frac{\Delta y}{\Delta x}$
$x=1 \to 2$	1	3	3
$x=2 \to 3$	1	5	5
$x=3 \to 4$	1	7	7
$x=4 \to 5$	1	9	9
⋮	⋮	⋮	⋮

同じ $\Delta x = 1$ に対して、Δy は東に行くほど増加することが見て取れる。このことから、当然 2 次関数は 1 次関数とは違って、Δx を一定にしても、Δy が場所によって異ってしまうことがわかる。実はこれはとりもなおさず、2 次関数のグラフが「曲がっている」ことの数学的な表現なのである。

では、各地点での傾斜を決めるにはどうすればよいのか。

さっきの $\Delta x = 1$ のときの Δy では、ちょっと正確さに欠けることは、図 1-5 を見ていただければわかる。例えば、$x=1$ から $x=2$ への Δy を使うとなると、それは、直線 BC の傾きを表すことになり、図を眺めればわかるように、これは実際の点 B での傾斜を過大評価してしまっている。なぜこんなことになるかというと、各点での傾斜が、連続的に、しかも、急激に変化し続けているからである。Δx が 1 になるまで東に進んでしまうと、点 B での傾斜の様子と点 C での傾斜の様子が変わりすぎてしまって、それをつないだ Δy は、点 B での実態を表さなくなるのだ。

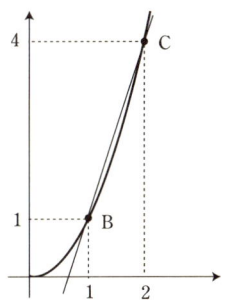

図 1-5

ではどうしたらよいか。

もちろん、点Bから1歩も動かないで傾斜を測定できればいいのだが、1歩も動かないとΔxもΔyも0だから、0で0を割っても、意味のある量にはならない（数学的に禁じ手である→青空ゼミナール17ページ）。

そこで妥協案を考えるわけだ。

つまり、Δxが非常に0に近いようにxを変化させ、その範囲で、$\Delta y \div \Delta x$を計算する。しかし、これはさっきと同じように、点Bでの実態そのものではない。それを修正するために、Δxを0に近づけていくときの、傾き$\Delta y \div \Delta x$の動向を観察するのである。具体的にやってみよう。

表1-2を見てほしい。

表 1-2

xの変化	Δx	Δy	$\dfrac{\Delta y}{\Delta x}$
$x = 1 \to 2$	1	3	3
$x = 1 \to 1.1$	0.1	0.21	2.1
$x = 1 \to 1.01$	0.01	0.0201	2.01
$x = 1 \to 1.001$	0.001	0.002001	2.001
⋮	⋮	⋮	⋮
	↓	↓	↓
理想的状態	0	0	2

Δxを1、0.1、0.01、0.001、…と徐々に小さくしていく。つまり、東の方向には、1キロ、100メートル、10メートル、1メートル…とほとんど移動しないようにする。すると当然、高さの変化Δyもどんどん小さくなる。しかし、

（ΔyをΔxで割った傾き）＝（xの変化1あたりのyの変化）

を計算すると、それは、2.1、2.01、2.001…と減少していくが、一定の限度を持っているのが見て取れるだろう。そして、その限度はどうも2のようである。表だけでは信用できない読者のために、もう少し一般的な計算をお見せしよう。

$\Delta x = \varepsilon$（ギリシャ語のイプシロン）とおくと、$x=1$での傾きは

$$\frac{\Delta y}{\Delta x} = \frac{(1+\varepsilon)^2 - 1^2}{\varepsilon} = \frac{2\varepsilon + \varepsilon^2}{\varepsilon} = 2 + \varepsilon$$

この式で、ε をどんどん 0 に近づけていくと、$\Delta y \div \Delta x$ がどんどん 2 に近づいていくことは、ほとんど確かなことである。

この 2 という数値は、$x=1$ における理想的傾斜（瞬間的な勾配）を求めたものと捉えることができる。こうして、点における傾斜を求めるという目的を達することができたわけだ。

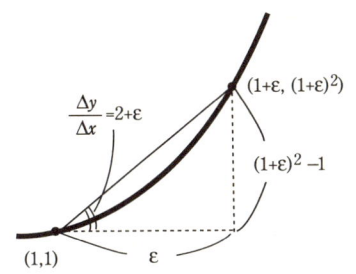

図 1-6

青空ゼミナール

0.999…は 1 と等しい？

学生「桑原さんは、微積分のことがおわかりになるのですか」

桑原「ま、少しはな。そんでもって、どんなことで悩んでおるのか」

学生「今、大学で微分というものを習っていて、極限というのが出てくるのですが、それがどういうものか、いまひとつしっくりこないのです」

桑原「例えば、どういうことであるかな」

学生「大学の教授は、極限の例としてこんなものを出すので、頭が混乱してしまうのです。0.9999…が 1 に等しいと」

桑原「それを教授はどう説明するのかな？」

学生「0.9、0.99、0.999、…とだんだん 9 が増えていく数列を作っていくと、極限として 1 に近づく、というわけです。実際、1 との差を作ると、0.1、0.01、0.001、…とどんどん小さくなっていきます」

桑原「その説明のどこが不満なのじゃな」

学生「まず 1＝0.999…というのは変です。どう見ても 0.999…の方が小さい気がするのです。だって、0 から始まってるわけですから。それから、差を取った 0.1、0.01、…っていうのも、いくら 0 をつなげたって、最後に 1 があるんだから、いつまでたっても 0 になりません。どっち

にしろおかしいです」

桑原「なるほど、それはもっともな疑問じゃ。なんせ、いくつもの哲学的な問題に抵触しとるからな。この問題は古くから議論されてきとる。ある意味ではまだ完全な解決を見とらん問題でもある」

学生「そうだったんですか。それは知らなかった」

桑原「最も現代的な解決は、これを『近づく』とか『やがて等しくなる』という風には捉えずに、一種の『行動の実現可能性』として理解することなんじゃ」

学生「行動の実現可能性？？」

桑原「『ゲームで必勝できること』と言い換えてもいい。こういうゲームを考えてみよう。まず先に君が好きなだけ小さい正の数を言う。次にわたしがさっきの数列 0.9、0.99、…の中から、1 との隔たりがその正の数より小さいような数を探す。見つかったらわたしの勝ち、見つからなかったら君の勝ち、ということじゃ。さて、このゲームではどっちが有利じゃろうか」

学生「そりゃ、後手の桑原さんのが有利ですよ。だって、先手のぼくが範囲を決めちゃうわけですから、それと 1 とのすきまに入るような数を後から見つければいい桑原さんの必勝に決まってます」

桑原「そうじゃ、わたしの方が有利である。しかし、それはなぜだ」

学生「そりゃ、まあ、数列の数たちがいくらでも 1 に近づくから、桑原さんが後手なら、つまり範囲があらかじめわかっていれば、その余裕で数を見つけられるってことなんでしょう」

桑原「そうじゃ。しかし、このルールの中には、『近づく』だとか『やがて等しくなる』なんて怪しい言葉はさっぱり出てこない。あくまで後手必勝かどうかだけ。明快そのものじゃ。これが、コーシーという数学者が導入した、『極限の収束』についての取り決めであり、イプシロン・デルタ論法と呼ばれる。この論法で大事なのは、怪しい無限にまつわる言葉がぜんぜん出てこないことなんじゃ。コーシーは、きみのような『極限』アレルギーの不満を封じこめるうまい手を考えたということじゃな」

理想的傾斜とはなんのこと？

ここで計算した $y=x^2$ のグラフの $x=1$ における「理想的傾斜」というのは、いったい何を意味しているのであろうか。

計算を振り返ればわかる通り、

「x がちょびっとだけ増えるとき、y がどのくらい増えるかを、そのままの比例関係を保って $\Delta x=1$ に相当する Δy まで拡大したもの」

ということができる（図1-7）。そもそも Δx を小さくすると、Δy が小さくなるのはあたりまえなので、Δy そのものは傾斜の程度を表してはいない。傾斜というのはあくまで、「東に1だけ進むとき、高さがどのくらい上昇するか」という「1あたり量」でないと意味がないのである。

$x=1$ から x を増加させるとき、Δx に対して Δy が何倍になるかは、x の変化量 Δx に依存する（表1-2参照）。だから、その拡大率を a として、この関係を

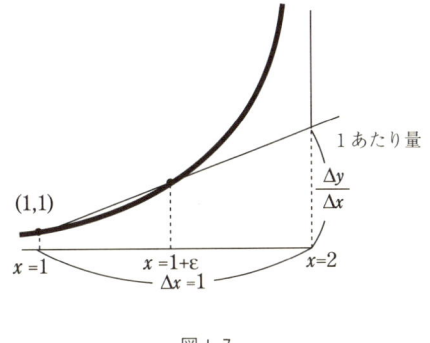

図1-7

$$\Delta y = a \times \Delta x$$

と表現すると、拡大率を表す係数 a の値は、Δx に依存してしまうわけである。けれども、表1-2では、Δx を0に近づけるとき、a の値は、一定値2に限りなく近づいていく。したがって、Δx が非常に0に近いところでは、（これを $\Delta x \sim 0$ と記号化しよう）、Δy は Δx の2倍に非常に近いと考えてもよいわけである。今の記号で表現すれば、

$$\Delta y \sim 2\Delta x \quad (\Delta x \sim 0)$$

これはあくまで近いという記号〜で結ばれているが、「$\Delta x=0$ で理想化された」ときの表現として、

$$dy = 2dx \quad (x=1)$$

を用いることにする。近い、ということを表すにすぎない「現実」から逸脱して、「理想」化した架空の式を表現するために、アルファベットのdを用いるのである。

　これは、何か怪しげな雰囲気をかもし出していて、魔術的な記号に見えるが、単に「xが1にどんどん近くなるとき、yの増分はxの増分の2倍にどんどん近くなる」ということを等式として表しているにすぎないのである。

　そして拡大率の2は、Δyを計算するときのΔxの係数なので、$x=1$のときの「微分係数」と呼ぶ。

微分係数の図形的な意味

　次に微分係数の図形的な意味を追うことにしよう。

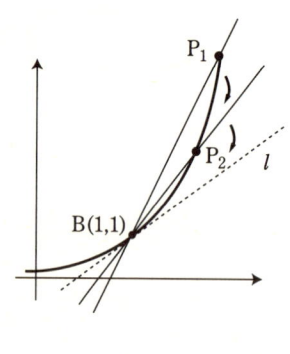

図1-8

　図1-8を見て欲しい。点B(1,1)のところでの微分係数（理想的傾斜）を求める計算は、次のようなことを意味していた。

　点Bのそばに点Pを取る。そして直線BPの傾きを求め、その点Pを、点、P_1、P_2…とだんだん点Bに近づけていく。このとき、BPの傾きが近づいていく数値が$x=1$における微分係数なのである。

　図を眺めていればわかるように、このとき直線BPは、点Bにおける接線lに近づいていくと考えられる。つまり、微分係数は、「接線の傾き」を意味しているわけである（正確にいうなら、BPを近づけて得られる直線こそが接線の定義になるのだが、ここでは日常的なイメージを優先している）。

　もともとの目標は、山の斜面の点Bに立ったときの傾斜のけわしさを

表現することであったから、接線の傾斜こそが、地点Bジャストでの傾斜を表現しているとするのは自然である。図1-9のように、点Bの近くを無限倍の拡大率で拡大したとき、曲線を「仮想的」に「直線」だと捉えるとすれば、

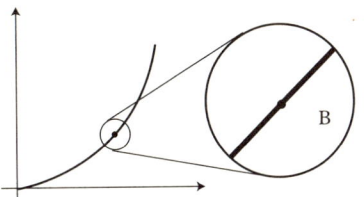

図1-9

それを接線だと考えるのが一番もっともらしい（これは多分に比喩的である。曲線はいくら拡大しても曲線のままなのだから）。

つまり「微分係数」は、「接線の傾き」である。

これまでの計算により、$y=x^2$ のグラフ上の各点において、接線の傾きを求めることができるようになった。それは、各 x における微分係数を意味している。

例えば、$x=2$ においては、

$$\frac{\Delta y}{\Delta x}=\frac{(2+\varepsilon)^2-2^2}{\varepsilon}=\frac{4\varepsilon+\varepsilon^2}{\varepsilon}=4+\varepsilon \xrightarrow{\varepsilon\to 0} 4$$

より、点 (2,4) における接線の傾きは 4 とわかる（ここで、矢印のところは、ε を 0 に近づけると、数値が 4 に近づくことを表している）。

これを一般的に $x=a$ のところで行うと、

$$\frac{\Delta y}{\Delta x}=\frac{(a+\varepsilon)^2-a^2}{\varepsilon}=\frac{2a\varepsilon+\varepsilon^2}{\varepsilon}=2a+\varepsilon \xrightarrow{\varepsilon\to 0} 2a$$

となって、$x=a$ のところでの微分係数は $2a$ であることがわかる。これを図示したものが図1-10である。このように微分係数はグラフ上の各点ごと、各 x ごとに定まる。これを表にすると、表1-3となる。この表を眺めると、微分係数が新しい関数を定めていることがわかる。つまり、x のところの微分係数（＝接線の傾き）が $2x$ となることから、関数 $2x$ が

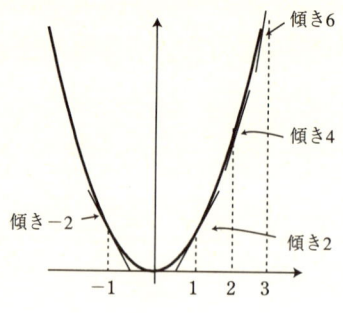

x	微分係数
-1	-2
0	0
1	2
2	4
3	6
$\vdots$	$\vdots$
a	$2a$

表 1-3

図 1-10

新たに導き出されることとなったわけである。したがって、関数 $y=x^2$ から各 x における微分係数として求められる関数 $2x$ を、関数 $y=x^2$ の「導関数」と呼ぶ。

　導関数は、記号では、$\dfrac{dy}{dx}$ と書かれる。つまり、

$$y=x^2 \text{ の導関数は、} \dfrac{dy}{dx}=2x$$

という風に書くのである。また、関数を $f(x)=x^2$ という形で表現するときは、導関数を

$$f'(x)=2x$$

という風に、関数記号にダッシュ（またはプライムともいう）をつけて表す。いずれにしても、

$$y=f(x) \text{ の各点における微分係数（接線の傾き）}$$

$$\downarrow$$

$$\dfrac{dy}{dx}=f'(x)$$

ということを表している。

[練習問題1]　$f(x)=2x^2+3x$ の導関数を求めよ（解答は巻末）。

ライプニッツ記号はとても便利なのだ

これらの記号は、微分の発見者の1人であるライプニッツ (1646～1716) の名前を冠して、ライプニッツ記号と呼ばれている。

ここで微分係数とは、Δx に対する Δy の瞬間的な拡大率であり、$x=a$ における微分係数を α とすれば、理想化した記号として、

$$dy = \alpha dx$$

という風に書くのであった。ところで今、微分係数は、$f'(x)$ とか、$\dfrac{dy}{dx}$ とか表すことを学んだのであるから、α のところにそれらを代入してみよう。

$$dy = f'(x) dx \qquad (1\text{-}2)$$

または

$$dy = \left[\frac{dy}{dx}\right] dx \qquad (1\text{-}3)$$

のように表現できる。特に (1-3) のように書くと、$\dfrac{dy}{dx}$ がいかにうまい記号であるかがわかる。あたかも dx という記号が「約分」されているように見えるからである。「あたかも」といっているのは、本当には約分できないからである。

$\dfrac{dy}{dx}$ というのは、単なるひとまとまりの記号である。微分係数、あるいはそれによって定義される導関数を「こう書く」としたにすぎない。たとえてみれば、写真に撮った寿司である。確かにシャリの上にネタが乗っかっているが、あくまで写真に撮られた寿司だから、ネタをシャリからはがすことはできない。にもかかわらず、(1-3) のように、ネタとシャリを分離して、シャリだけを約分しているかに見える表現が可能になっているわけである。いかに、ライプニッツの作り出した記号が優れたものかが見てとれるであろう。

ちなみに、理想化する以前の、$\dfrac{\Delta y}{\Delta x}$ の方は、ちゃんと $\Delta y \div \Delta x$ という

「割り算」を表しているから、$\frac{\varDelta y}{\varDelta x} \times \varDelta x = \varDelta y$ というのは正しい計算である（ただし、$\varDelta x$ が同じ数値の場合）。ライプニッツ記号は、理想化させてしまった世界にも、この割り算の「気分」を残したものだといってよい。

　最後に、微分係数の意味を、平行座標軸の上で確認してみよう。

　図 1-11 を見て欲しい。関数 $y=x^2$ の対応を表す矢印は、1 次関数のときのように 1 点に集まらない。一様さはなく、歪みのあるものになる。それこそグラフが曲線であることの表れである。

　ところが図 1-12 のように、$x=1$ の近辺だけクローズアップでしてみると、「$\varDelta x$ に対して対応する $\varDelta y$ はほとんど 2 倍になる」という風に比例的に捉えていい、というのが微分係数の意味なのである。

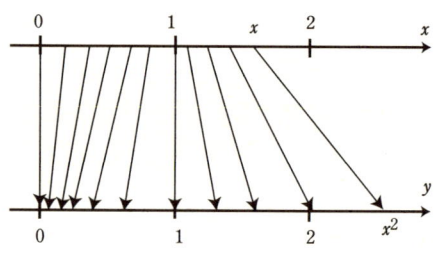

図 1-11

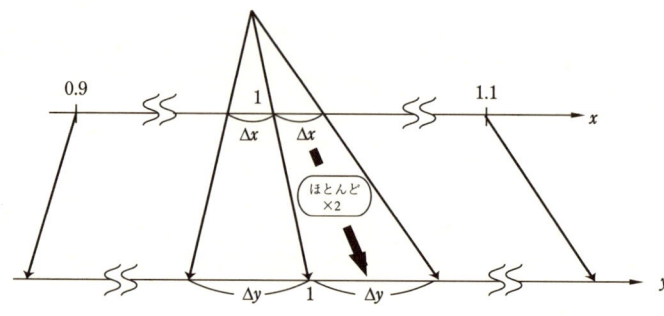

図 1-12

導関数を一般的に定義しよう

これまでのまとめとして、微分係数を一般的に定義しておこう。

[微分係数の定義]

関数 $y=f(x)$ に対して、固定した $x=a$ において、

$$\frac{\Delta y}{\Delta x} = \frac{f(a+\varepsilon)-f(a)}{\varepsilon}$$

の値が、$\varepsilon \to 0$ と ε を 0 に近づけて行ったとき、何か 1 つの確定した値に近づくならば、その値を、$f(x)$ の $x=a$ における微分係数といい、$f'(a)$、あるいは、$\left[\dfrac{dy}{dx}\right]_{x=a}$ と書く。どちらの記号を用いるかは、そのわかりやすさに応じて決める。

$$\frac{\Delta y}{\Delta x} = \frac{f(a+\varepsilon)-f(a)}{\varepsilon} \xrightarrow{\varepsilon \to 0} f'(a)$$

また、おのおのの $x=a$ に対して $f'(a)$ を対応させることで、新しい関数 $f'(x)$ を作ることができる。それを $f(x)$ の導関数と呼んだ。$f(x)$ から導関数 $f'(x)$ を作ることを「$f(x)$ を微分する」ともいう。

ところで本書では、「何かを 0 に近づけると、何かがある確定する数値に近づく」ということがどういうことであるかをきちんと定義していない。これを不満に思う読者もいるかもしれないが、そういう読者は［青空ゼミナール］を参照してほしい。本書では、このような実数にまつわる連続性や無限小の議論は一貫して無視して、先を急ぐスタンスをとる。したがって、本書では微分係数が存在しない「微分不可能」という「病的な」関数は取り扱わず、基本的に「健康な」関数だけを扱う。

青空ゼミナール

微分では 0÷0 が許される？

翌日、学生が公園に行くと、桑原は池に釣り糸を垂らしていた。

学生「桑原さん、公園の池で釣りをするのはまずいんじゃないですか？」

桑原「こう考えてみたらどうじゃ、わたしの方が魚の垂らす釣り糸で釣られているよ。わははは」

学生「なんですか、そりゃ。でも、ま、いいか。で、桑原さん。今日は微分の話なんですが」

桑原「ほほう。今日は微分か。で、なんじゃな」

学生「微分係数を求める計算をするとき、どうもゼロでの割り算をしているようで、気持ちが悪いのです」

桑原「くわばら、くわばら…」

学生「今、なにかおっしゃりましたか」

桑原「いや、なにも。どういう点が気持ち悪いんじゃな」

学生「例えば、$f(x)=x^2$ の $x=1$ のところでの微分係数を求めたい場合、まず、1 から ε だけ増えたとしてその増加率の計算をします。具体的にやってみると、

$$[(1+\varepsilon)^2-1^2]\div\varepsilon = [2\varepsilon+\varepsilon^2]\div\varepsilon$$

これを ε で約分して、ε を 0 に近づけて極限を取るわけです。

$$2+\varepsilon \to 2$$

こうして、微分係数として 2 が求まるわけなんですが、しかし、よく考えてみるとどうも納得がいかないのです。

どうしてかというと、約分する前の、$[2\varepsilon+\varepsilon^2]\div\varepsilon$ の時点で ε を 0 に近づけると、これは $0\div 0$ に近づけることを意味します。でも $0\div 0$ というのは、数学では禁じ手、反則だったんじゃないでしょうか」

桑原「ふむふむ。それはいい疑問じゃ。実はこの問題は、歴史的にも物議をかもしたものなんじゃ。微分の考え方は、17 世紀にフェルマーあたりから始まって、ニュートンとライプニッツで花開いた。じゃが当時、きみと同じ疑念を抱いて、強固な反対者になった数学者も少なからずおったのじゃ。例えば、有名どころではデカルトなんかがその 1 人じゃな」

学生「あの有名なデカルトさんと同じ疑問をもったなんて光栄だなぁ」

桑原「当時ばかりではないぞ。このことにはその後もアレルギーを起こす人間がけっこういたようじゃ。例えば、マルクスなんかもその 1 人じゃな。彼が数学の勉強をしたときのノートが死後に出版されたんじゃが、その

中に、『微分は0÷0だから矛盾している。微分とは矛盾から止揚が起こる典型的なものだ』とかなんとか書いてたんじゃ、面白いことに」

学生「マルクスとか、矛盾とか、止揚とか、なんだかもう古めかしいですよね。前世紀の遺物という感じで…。しかし、マルクスさんまでこんな疑問をもってたんですね」

桑原「そんなわけだから、こないだ話したようにコーシーが、極限を一種のゲームのように定義して解決をはかったわけなんじゃな。コーシーの方法なら、ε が 0 になる瞬間を想定しなくてよい。例えば、きみが 2 に対して、1 ミクロンよりも近い数を作れ、というなら、わたしは、0 でない ε をうまく選んで

$$[(1+\varepsilon)^2 - 1^2] \div \varepsilon = [2\varepsilon + \varepsilon^2] \div \varepsilon$$

を 2 に 1 ミクロンより近くできる。このとき、$[2\varepsilon + \varepsilon^2] \div \varepsilon$ を約分するのはかまわないのじゃ。あくまで 0 じゃないのだからな」

そういいながら、老人は不意に立ち上がり、すたこらと立ち去り始めた。なにごとかわからず学生が立ちすくんでいると、その横を「こらー！　だれだ、公園の池の魚を盗むのは‼」と怒鳴りながら、守衛が桑原を追いかけて、通り過ぎていった。

1.2. 微分はつかえる！

接線の方程式

微分係数の応用その 1 として、接線の方程式を求めてみよう。

例として 3 次関数 $y = f(x) = x^3$ を取り上げることにする。

まず、$y = f(x) = x^3$ のグラフの点 $(2, 8)$ における接線の方程式を求めるために、$x = 2$ における微分係数を求めておこう。

$$\frac{\Delta y}{\Delta x} = \frac{f(a+\varepsilon) - f(a)}{\varepsilon} = \frac{(2+\varepsilon)^3 - 2^3}{\varepsilon} = \frac{12\varepsilon + 6\varepsilon^2 + \varepsilon^3}{\varepsilon}$$

$$= 12 + 6\varepsilon + \varepsilon^2 \xrightarrow{\varepsilon \to 0} 12$$

この計算より、微分係数は 12、したがって、接線の傾きは 12 となる。よって、接線の方程式は点 $(2,8)$ を通り、傾きが 12 の直線だから

$$y = 12(x-2) + 8 = 12x - 16 \qquad ①$$

となる。ところで、15 ページの微分係数の理想化公式 (1-2) の

$$dy = f'(x)dx$$

に今の微分係数 12 を代入すれば、

$$dy = 12dx \qquad ②$$

が得られるのだが、dx や dy がそもそも、x の変化と y の変化を表すものであったことを思い出せば、これらは x の 2 からの増分と y の 8 からの増分を表すものと解釈できる。したがって、②の式は

$$y - 8 = 12(x-2)$$

と書き換えられるから、①と②は基本的に同じものだとわかる。

　つまり、微分の理想化公式 (1-2) は、接線の方程式だと解釈できるのである

　ところで、もとの $y = f(x) = x^3$ から、求まった接線の関数 $y = g(x) = 12x - 16$ を引き算すると

$$L(x) = f(x) - g(x) = x^3 - 12x + 16 \qquad ③$$

となる。これは、交点の $x=2$ では当然 0 となり、また、そこからどちらかにずれた場合は、曲線と接線の間隔を表現する関数となる。

　③を因数分解してみると、

$$L(x) = f(x) - g(x) = (x-2)^2(x+4) \qquad ④$$

となる。これは、なんでもいいから直線を、$y = f(x) = x^3$ のグラフと 3 つの交点をもつように描き、そのうちの 2 つの交点が点 $(2,8)$ に近づくように動かしていくと、$(2,8)$ における接線が得られることに対応している

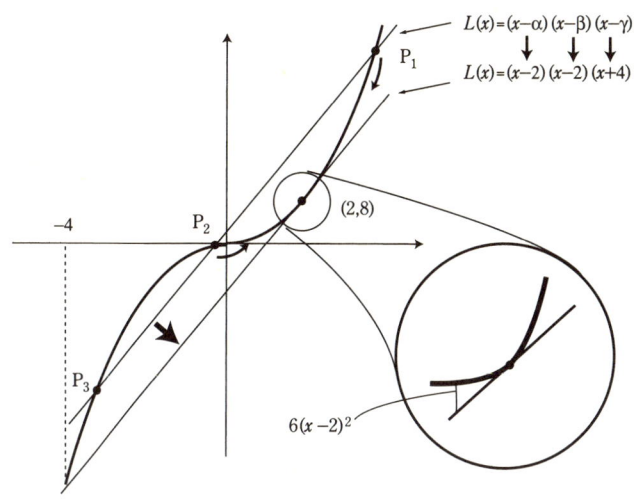

図 1-13

（図 1-13）。

また、④を次のように変形する。

$$L(x) = f(x) - g(x) = (x-2)^2(x-2+6) = (x-2)^3 + 6(x-2)^2$$

すると、x が 2 に近いときは、小数点以下のケタを考えて、$(x-2)$ は、2 乗より 3 乗の方がもうひとまわり小さい数になる。したがって 3 乗の項は大勢に影響を与えないとして無視すれば、

$$\begin{aligned} L(x) = f(x) - g(x) &= (x-2)^3 + 6(x-2)^2 \\ &\sim 6(x-2)^2 \end{aligned}$$

と、ほとんど $6(x-2)^2$ に支配されると考えてよい。

であるから、図 1-13 の点 $(2,8)$ のあたりの拡大図のように、接点のあたりは、接線からの隔たりが 2 次関数のような形状になっていると推察できる。つまりグラフは直線を突きぬけず、接触してターンしていることがわかる。このことも、求めた①がちゃんと接線の方程式であることの正当性を表すものと考えられるだろう。

まとめてみよう。

[接線の方程式]

$y=f(x)$ の点 $(a, f(a))$ における方程式は、

$$y=f'(a)(x-a)+f(a)$$

[練習問題2]　$f(x)=x^3$ の $(a, f(a))$ における接線の方程式を求めよ。

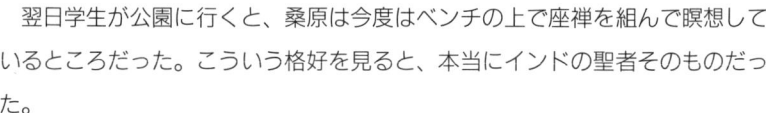

青空ゼミナール

微分と方丈記

　翌日学生が公園に行くと、桑原は今度はベンチの上で座禅を組んで瞑想しているところだった。こういう格好を見ると、本当にインドの聖者そのものだった。

桑原「そこにおるのは、学生くんじゃな」

学生「桑原さん、目をつぶってるふりして、ほんとは薄目を開けてますね」

桑原「ばれたか。先日は、シャレを理解できん守衛に追いかけられて話の腰を折られたので、続きを話すことにしよう。$0 \div 0$ の話じゃったな」

学生「それはありがたいです」

桑原「微分計算というのは、確かに、極限として『到達する』と考えると、いろいろな矛盾が感じられるわけじゃ。ε が 0 でないときは、確かに約分で 2 に近い、といえるが、ε を 0 にしてしまったとたん、$0 \div 0$ だから約分もへったくれもない」

学生「そうなんです。これをグラフで考えるとこうなります。
　　　$y=x^2$ 上で点 $A(1,1)$ のそばに点 $P(1+\varepsilon, (1+\varepsilon)^2)$ を取ります。すると直線 AP の傾きは $[(1+\varepsilon)^2-1^2] \div \varepsilon = [2\varepsilon+\varepsilon^2] \div \varepsilon$ となるわけです。そして ε を 0 に近づけていくと、この AP の傾きは 2 に近づいていき、それは接線に近づいていくことを意味します。けれども、はなっから P

をAに重ねてしまうと、点は1つになってしまいますから、そこを通る直線は1本に限定できず、無限の本数の直線の可能性ができてしまいます。いってみれば、εを0にした瞬間、それまで1本に定まっていた直線が爆発して、無限本になってしまう感じがします」

桑原「そう、グラフを使うと、この矛盾の雰囲気は捉えやすいわな。そもそも直線は1個の点では定められないから、点Aで接する直線は捕まえることはできない。しかし、グラフ上の別の点を近くに取って、2点を結んで直線を引くと、今度は確かに直線は引けるが、しかしそれはあくまで求めている接線ではない」

学生「そうなんです。大きな矛盾があるのです。二律背反なんですね」

桑原「そうじゃ。そこで、わたしは『そのもの』と『理想』とを別物として考えるべきじゃないか、と思っとる」

学生「別物と考える、っていうと？」

桑原「そう、グラフ上で、そばに点を取って、順次、直線たちを作り、それらが包囲して浮かび上がる直線、それを接線と捉えればよい。それは決して、その点Aでの直接的な直線を表すものではない。そんなものは存在しないし、それを知る必要もない」

学生「そうか、なんとなくわかってきました。こんな感じなんですね。ぼくの友人たちから集めた情報で浮かび上がるぼくの人柄というものは、ぼくの思っている人格とは一致しないに違いない。けれど、求めているのは、ぼくの思う自分の人格ではなく、周りの情報から浮かび上がる人柄の方である。そんな感じですか」

桑原「ほう、それはなかなかいい喩えじゃな。わたしは、これを仏教の『解脱』に似た考えだと思うんじゃ。日本の古典文学に鴨長明の『方丈記』というのがある」

学生「方丈記なら、高校のときに古典で勉強しました。でも、方丈記と微分に何の関係があるんですか？」

桑原「鴨長明は、世が無常だと気づき、出家する。それで山奥にこもって解脱のための修行をするわけじゃ。『解脱』とは、簡単に言えば、『すべての欲望を捨てること』である。しかし、鴨長明はそこである種の論理矛盾

　　　　に気づくわけじゃ。それは何かというと、『解脱したい』というのも、いってみれば欲望の１つじゃ。すると、解脱するためには、『解脱したい』という『欲望』も捨てなければならない。しかし、この『欲望』を捨ててしまってはそもそも解脱できない。鴨長明はその矛盾に気づいて、最後に『南無阿弥陀仏』と３度唱えて筆をおくわけなんじゃ」

学生「そうでした。そういう話でした。でも、桑原さん、いわれてみるとよくわかります！　この矛盾は、微分のもっている矛盾、０÷０の矛盾と同じですね。すべての欲望を捨てるということは、解脱することも捨ててしまうことになる」

桑原「そうじゃ。しかし、別の考え方もできる。そもそもすべての欲望を捨ててしまったら死んでしまう。しかし、『解脱』と『死ぬこと』とは違うことだと考えられないじゃろうか。解脱とは、１つ１つの欲望を捨てていく過程で、ほんのりと見えてくる『理想的な状態』、そう考えてはどうだろうか」

学生「そうか、それなら死んでしまう必要はないですね。そもそもすべての欲望を現実に捨てることなんかできない。求めているのは、そういう超越的な状態ではなく、あくまで１つずつ欲望を捨てるうちに見えてくる『理想』だとするなら、そういう『理想』の姿を現実的な形で想像することも無理とはいい切れませんね。微分における０÷０も、そういう風に考えればいいんですね。０÷０はいわば『死ぬこと』、でも微分係数はそれではなく、εを０に近づけていくことでほんのり浮かび上がる理想状態としての『解脱』」

桑原「そうじゃ、そう考えれば受け入れやすい」

学生「高校でも、こんな風に方丈記や微分を教えてくれたら、さぞかし面白かったろうに」

桑原「こほん。しかし、これはあくまでわたし独自の解釈じゃ。本来の仏教の教えとはぜんぜん違うことはお断りしておくぞ」

学生「はい、わかりました。桑原教ですね（笑）」

関数の値を近似する

微分係数のもう1つの直接的な使いみちは、関数の値の近似値を計算することである。ルートや3乗根の計算は、パソコンのある今となってはなんてことないが、文明の利器のなかった昔には、たいへん面倒なことであった。微分係数は、これらの計算を1次式の計算だけでやってのけるのだから、まさに当時の文明の利器であったわけだ。

ここでは例として、$\sqrt{103}$ を計算してみる。

まず、平方根の関数 $y=f(x)=\sqrt{x}$ の導関数を求める。分子の有理化という多少受験チックな技法を使う。

$$\frac{\Delta y}{\Delta x} = \frac{f(x+\varepsilon)-f(x)}{\varepsilon} = \frac{\sqrt{x+\varepsilon}-\sqrt{x}}{\varepsilon} = \frac{(x+\varepsilon)-x}{\varepsilon(\sqrt{x+\varepsilon}+\sqrt{x})}$$

$$= \frac{1}{\sqrt{x+\varepsilon}+\sqrt{x}} \xrightarrow{\varepsilon \to 0} \frac{1}{\sqrt{x+0}+\sqrt{x}} = \frac{1}{2\sqrt{x}}$$

以上によって、導関数は、

$$f'(x) = \frac{1}{2\sqrt{x}}$$

と求まったので、これを利用しよう。この導関数を (1-2) の $dy = f'(x)dx$ に代入すると、

$$dy = \frac{1}{2\sqrt{x}} dx$$

となる。$x=100$ のところでは、

$$dy = \frac{1}{2\sqrt{100}} dx = 0.05 dx$$

となる。つまり、x が 100 に非常に近いところでは、y はおおよそ $\sqrt{100}=10$ に近いのであるが、その近くでの x, y の増分の間の関係は

$$\Delta y \sim 0.05 \Delta x$$

であることを上の式は意味しているわけだ。つまりこれは、x の増分を 0.05 倍すると、ほとんど y の増分に等しい、ということである。このことを平行座標軸で見たのが、図 1-14 である。したがって、x を 100 から

103 に、$\Delta x = 3$ だけ増やすと、Δy は、だいたい$0.05 \times 3 = 0.15$ である。したがって、y の値はおおよそ、$10 + 0.15 = 10.15$ と概算される。

これはどの程度近いのであろう。$\sqrt{103}$ を電卓で求めると、

$$\sqrt{103} = 10.14889$$

であるから、まずまずの精度で求まったことがわかる。

前の解説の

$$dy = \frac{1}{2\sqrt{100}} dx = 0.05 dx$$

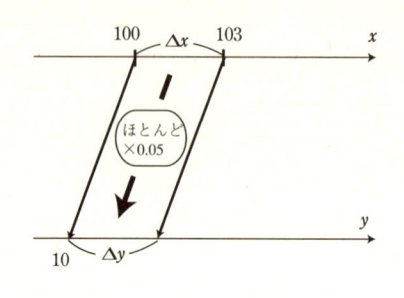

図 1-14

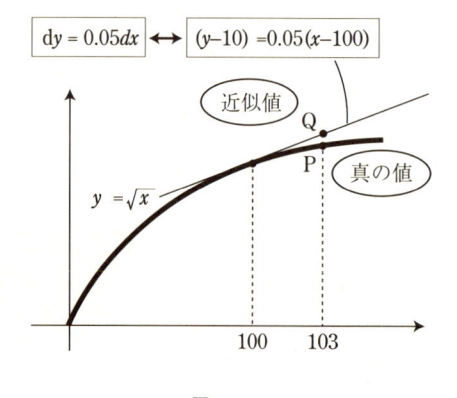

図 1-15

の式は、接線の方程式を表していることが判明したが、接線の観点から、この近似計算の意味をさぐったのが、図 1-15 である。100 から、たかが 3 程度離れても、接線と曲線はあまり離れないだろうということから、知りたい点 P の高さを接線上の点 Q の高さで代用しているわけだ。グラフの形状から大きめの評価になることが見て取れるが、実際の近似値もそうなっている。

[練習問題 3]　$dy = \dfrac{1}{2\sqrt{x}} dx$ を利用して、$\sqrt{628}$ を求めよ。

青空ゼミナール

1あたり量に直す理由は？

学生「桑原さんのおかげでずいぶん微分のキモチがわかるようになりました」

桑原「それはよかったよかった」

学生「でもいまひとつわからないのは…」

桑原「なーんじゃ、ちっともわかっとらんじゃないか」

学生「いえいえ、わかってきたから気になることがあるんです。桑原さんは、微分は『1あたり量』だというじゃないですか。関数値の増分を x の増分で割って、比例計算してわざわざ1あたり量にするのには重要な意味があるんですか？」

桑原「ほほう。確かに今度はだいぶ高度な質問だな。この疑問に答えるのは、ちょうど面白い笑い話があるので、それを利用するとしよう」

学生「それはちょっと楽しみですねぇ」

桑原「ある自動車が、パトカーに止められ、警官にスピード違反を宣告された。そこでドライバーは、警官に聞いた。

『どのくらいのスピードだったんですか？』

警官は答えた。

『時速200キロだ』

ドライバーはそれに動じずにさらに尋ねた。

『時速200キロっていうのは、どのくらいの速さなんですか？』

警官が憤慨して答える。

『そりゃあ、1時間に200キロ進む速さだ。法外な違反だ』

ドライバーは警官の怒りをよそに笑いながらいった。

『おまわりさん、それじゃ違反してませんよ。だって、まだ走り始めてから10分しかたってませんから』」

学生「ははははは、これは面白い。桑原さん、わかりました、わかりました。こういうことですね。速度というのは、瞬間で決まるものである。しかし、ちょっとの間に10メートル進んだ、といったってどのくらい速い

かはわからない。実際に進んだ距離を基準にしたら、スピード違反は捕まえられない。だから、その速さで仮に1時間走ったら何キロ走るか、という量に直してこそ、速さの比較ができるようになる、ということなんですね。そのことを皮肉った笑い話というわけなんだ。桑原さん、面白い冗談を考えるなぁ」

桑原「いや、名誉のためにちゃんといっておくと、これはわたしの考えたジョークじゃないのじゃ。これは、リチャード・P・ファインマンというノーベル賞物理学者が、有名な物理の教科書『ファインマン物理学』に書いた笑い話じゃ」

学生「なーんだ、そうですか。誉めて損しました。それにしても、ファインマンさんって楽しい人ですね」

桑原「ファインマンの本は、数学や物理を理解するのに、本当に楽しくて、ためになるので、きみも読んだ方がいいぞ」

学生「はい。是非そうします」

微分係数を現実のモデルから理解する

　微分係数の定義の解説が終わったところで、すこし数学そのものから脱線して、微分係数を頻繁に利用する2つの分野、物理学と経済学で微分係数がどんな風に使われているかをお見せしよう。物理学と経済学を選んだのは筆者の関心の故でもあるが、一般的にも数理科学として理系・文系でそれぞれ代表的な学問だと思うからである。

　もちろん、純粋に数学の中だけで微分のことを理解したい人や、物理学・経済学に関心の薄い人には退屈かもしれないので、そういう人は飛ばしてもらっても今後の進行に差し支えはない。しかし本書はそもそも、数学の考え方を現実モデルを通して、よりイメージ豊かに理解してもらおう、という意図のもとに書かれている本なので、ここを飛ばすのは、お祭りに行って御輿を見ないで帰ってくるようなものである。できれば一読されることをお勧めする。

(物理学からの例) ガリレオの落体法則

科学の歴史上、物体を自然に落下させたとき物体は一定の速度で落ちる、と長い間信じられてきた。その固定観念を打ち破ったのは、ガリレオ・ガリレイ (1564～1642) である。

ガリレオが、斜面でボールを滑らす実験を繰り返して、そこに秘められた法則（落体法則）を発見した。それは現代的な書き方をすれば、以下である。

［ガリレオの落体法則］

自然落下する物体が、落ち始めてから x 秒の間に、y メートル落下するとすれば、y はおおよそ次の x の式で表される。

$$y = f(x) = 5x^2$$

これは 2 次関数であるから、前に述べたように、$\Delta x = 1$ あたりの Δy は、その時その時で違う。つまり、1 秒間に落下する距離は一定ではないので、平均速度は変化していっていることになる。ということは、自然落下は等速ではない運動だとわかる。まさにガリレオの大発見であった。

平均速度というものを振り返ってみると、

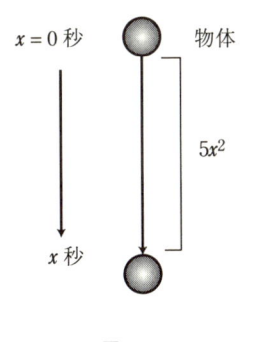

図 1-16

$$[\text{移動した距離}] \div [\text{経過した時間}]$$

という「1 あたり量」であるから、$\Delta y \div \Delta x$ の計算そのものとなる。しかし 2 次関数では、ある x のところでの $\Delta y \div \Delta x$ を計算するのでも、Δx を 1 と取るか、2 と取るか、3 と取るかで、その結果は違ってしまう。

だから、「平均速度」というのはその瞬間の速さを的確に表現する数量

ではない。それは、山の傾斜を測ったときの話と根本的に同じことになる。実際、山の断面図のグラフを、時間を横軸、移動距離を縦軸にしたときのダイヤグラムだと見なせば、山の「瞬間の傾斜」を測ることは、物体の「瞬間の速さ」を測ることに早変わりする。

つまり、微分係数 $\dfrac{dy}{dx}$ は、物体の「瞬間速度」を意味することになる。

この関数 $y=f(x)=5x^2$ では、$\dfrac{dy}{dx}=10x$ となるので、瞬間速度は経過時刻に対して 1 次関数となる。したがって、瞬間速度は時間とともに一様に速くなる。詳しくいうと、速度は 1 秒あたり 10 メートル/秒の割合で速くなっていくのである。これは、一定の割合で速度が増加していくので、「等加速度運動」と呼ばれる。等加速度運動をもっと明確に記述するには、微分係数をもう 1 回微分してみればよい。$10x$ をもう 1 回微分すれば、定数 10 となるので、

$$\dfrac{d}{dx}\left(\dfrac{dy}{dx}\right)=10$$

と書ける。つまり、ガリレオの落体法則は、「自然落下運動は等加速運動である」とまとめられ、数学的にいえば、「2 階微分が定数になる」ということになる。

このように、「瞬間速度」が微分係数である、と一度捉えることができてしまえば、今度は逆に微分に関する数学的な命題たちを、「速度」のイメージから捉え返すことが可能になる。微分という抽象的な考え方と速度という卑近(ひきん)な量との間を都合よくいったりきたりして、相互に理解を補助しあえるわけである。

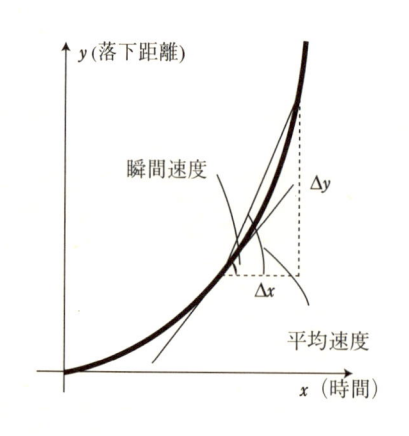

図 1-17

(経済学からの例) 限界費用

　今、ある製品を x 単位作るのに費用が $C(x)=x^2+1$ （万円）かかるとする。この式は2次式になっているので、1単位つくるのにかかる費用が一定でないことがすぐわかる。一定なら1次関数になるからである。

　まず定数項を意味する $C(0)=1$ は何を意味しているのだろうか。

　これは1単位も生産しなくてもかかる費用であり、固定費用と呼ばれる。一般に製品の製造のためには原材料や労働者のほかに、工場や機械などの設備が必要である。これは製品を製造しなくてもかかる費用であり、固定費用の例である。

　では、この費用関数 $y=C(x)$ において、$\Delta y \div \Delta x$ は何を意味するのだろうか。$x=1$、$\varepsilon=2$ として計算してみよう。

$$\frac{\Delta y}{\Delta x}=\frac{C(1+2)-C(1)}{2}=\frac{10-2}{2}=4$$

この意味は、次のようなことである。現在1単位製造していて、あと2単位生産量を増やすとすると、追加的に必要となる費用（8万円）は1単位あたりに縮めてみれば4万円となる、そういうことだ。

　では今度は、$x=1$、$\varepsilon=0.5$ でやってみよう。

$$\frac{\Delta y}{\Delta x}=\frac{C(1+0.5)-C(1)}{0.5}=\frac{3.25-2}{0.5}=2.5$$

　これは、現在1単位製造していて、あと0.5単位生産量を増加させると、追加的に必要になる費用（1.25万円）は1単位あたりに拡大すれば2.5万円、ということを意味する。さっきは1単位あたり4万円だったものが、今度は2.5万円になったのは、費用関数が1次関数ではなく、2次関数だからである。したがって、ガリレオの自然落下のときと同じく、Δx の取り方によって平均費用が変化してしまう。したがって、生産量を増加させるときにかかる追加費用の見積もりには、「瞬間の」計算が必要となる。

　$C'(x)=2x$ であるから、$x=1$ における「瞬間的平均費用」は、$C'(1)=2$ となる。これは何を意味しているかというと、現在1単位生産

していて、ほんのわずかだけ生産量を増加させようとしたとき、追加的に必要となるわずかな費用を、仮に1単位あたりに引き伸ばして換算すると2万円となる、ということである。

この数値を経済学では「限界費用」という。ここでいう「限界」は、「これ以上はない」という意味ではなく、英語でのmarginal、つまり「周辺」とか「辺境」の意味である。

さて、現在の生産量が1単位のときの限界費用は2万円である。ここで生産を増加する場合の瞬間的追加費用は1単位あたりに換算すると2万円ということだから、この製品の1単位あたりの価格が2万円より高ければ生産を増加すべきであることがわかる。それは、差額が儲けとなるからである。ここで、1単位というのは換算する上での仮想的単位であり、もちろん、現実に1単位も増加させては損になる。増加させるべきなのは微小量なのである。企業は儲けがある限り生産を増加するから、

「生産量はいつでも、限界費用が価格と等しくなる水準となる」

ということがわかる。これは経済学において基本的な命題であり、いわば、経済学のイロハにあたる。

青空ゼミナール

微分の市民権

学生「桑原さんから微分を教わっていると、ずいぶんと微分が神秘的な魔法のようなものに思えるんですけど、初めからちゃんと認められていたんですか？」

桑原「前にも話したと思うんじゃが、もちろん、微分法が市民権を得る道筋は並大抵のものではなかったのじゃ。有数の数学者たちからも執拗な攻撃にさらされた」

学生「それじゃ、発見者のニュートンさんも非常につらい迫害にあったのでしょうねぇ」

桑原「実際どの程度の迫害があったかはわからんが、賢いニュートンは、微分をそのまま生の形で発表することを避けたのじゃ」

学生「それじゃ、どういう形にして発表したんですか？」

桑原「ニュートンの書いた『プリンキピア』という有名な本を読めばわかるんじゃが、なんと、ぜんぶ幾何学で記述したんじゃ。微分が市民権をもった現代に読むと、非常にわかりづらい書物なんじゃ」

学生「どうしてまたニュートンはそんなことをしたんですかねぇ」

桑原「たぶん、無限小にまつわる算術が、一般の学者には受け入れられない、という危惧があったんじゃなかろうか。だから、受け入れやすい幾何学の形で発表したというわけじゃ」

学生「それじゃ、その努力の甲斐があって、『プリンキピア』は世間に受け入れられたんですね」

桑原「それはどうかなぁ。幾何学で記述していても、やはり怪しい理論であることに変わりはない。詳しく解読した人には論理的な突飛さを隠しようがないじゃろうし。わたしが思うには、ニュートンの無限小の算術が受け入れられたのは、そういう理由からではなく、ニュートンの力学が現実を説明するのに、非常に高い有効性をもっていたからに違いないのじゃ」

学生「ニュートンの理論というのは、そんなにスゴイものだったのですか？」

桑原「きみは、理系の大学生くせして、何も知らないんだな。ちょっと呆れてしまったぞ」

学生「すみません。お恥ずかしいかぎりです」

桑原「ニュートンの力学というのは、地上での物体の落体運動、つまりガリレオの法則じゃな、それと宇宙での天体の運動、これはケプラーの法則なんじゃが、その２つを１つの方程式で説明してしまったものなんじゃ。しかも、その方程式は微分によって記述される『微分方程式』というものじゃ。初期条件を与えて、これを解きさえすれば、物体の運動を予言できるのじゃ」

学生「ニュートンというと、リンゴが落ちるのを見て万有引力の法則を発見した、ぐらいのことしか知りませんでした。そういうことだったんですね」

桑原「ニュートンの法則の偉大さの１つは、全く別物だと思われていた地上

における人間界の現象と宇宙における神の世界の現象とが、実は同じ法則で統一されていた、そういう驚くべき事実を暴いたことなんじゃ。これは、宇宙が地上と同じ法則下にある、という無神論的な見方もできるが、逆に、神の御心が地上の隅々まで働いている、という風に感じることもできる。実際、ニュートンやライプニッツは、微分方程式で宇宙全体が記述される、というその法則性にこそ神の存在の証しを見ていたようなんじゃ」

学生「へー、そうなんですか。物理の力学の背後に、そんな哲学的な議論が渦巻いているんですねえ」

桑原「しかし、そんなニュートンの力学が市民権を得たのは、もっと現実的なできごとのおかげなんじゃ。君はハリー彗星というのを知っているかな？」

学生「あ、なんか子供のころに騒がれていた記憶がありますが、何十年かにいっぺん回ってくる、という彗星ですね」

桑原「そう。ニュートンたちの時代、1682年に大きな彗星が現れた。当時は、彗星というのは通りすぎるだけと思われておったのじゃ。しかし、ハリーという人がニュートンの方程式を使って、彗星の軌道を計算してみると、地球や火星のように楕円であることがわかった。それで、周期を計算すると76年という長いものであることもわかったんじゃ。これは、とばかりにハリーは古い天文の記録を調べ、1531年や1607年にも大きな彗星が現れていることを確認したんじゃな。これらが同じ彗星であることを指摘し、それゆえハリー彗星と呼ばれることになった。そして、1759年、1835年、1910年にハリー彗星が現れることを予言し、みごと的中させたわけじゃ」

学生「ハリー彗星にはそんな裏話があったんですかぁ。雄大で、ロマンチックな話だぁ」

桑原「ニュートンの方程式のご利益はもう1つある。当時は太陽を回る惑星は水星、金星、火星、木星、土星が知られていたんじゃが、1781年、土星より外側に天王星という星が発見された」

学生「スイキンチカモクっていうやつですね。昔覚えたけど、もう忘れちゃっ

たなぁ」

桑原「ところがじゃな、天王星の軌道を方程式から計算してみると、現実の軌道とズレていることがわかったのじゃ。それで、その原因は、さらにもう1つ惑星があって、天王星に引力を及ぼしているからじゃないか、という疑いが出てきた。その仮説のもとで、計算を修正して、その謎の惑星があるとすればどの辺にいるかを計算で予測し、それを天文台で確認してみると、全く予測通りの場所に新しい惑星、海王星が発見された、というわけじゃ」

学生「うわあ、これまた壮大な話ですね」

桑原「このように、ニュートンの無限小算術自体には、強い抵抗もあったのじゃが、ニュートンが微分、そしてあとでやる積分を基礎にして組みあげた力学の信頼性はどんどんとうなぎのぼりに上がっていった。こういう現実的な説得力によって、微分積分も市民権を得た、といってよいのじゃ」

学生「論より証拠ってやつなんですねぇ、やっぱり。桑原さん、今日の話はすごい面白かったですよ。ちょっと物理を勉強しなおしてみます」

1.3. 微分係数の演算法則をまとめよう

和と定数倍の微分公式

微分係数の概念的な説明は終わったので、次に、計算上の諸法則を説明しよう。これは具体的な関数の微分計算をする際にいちいち定義に戻らなくてもすむようにする計算上の省エネ技術である。

[和の微分公式]

$$\{f(x)+g(x)\}'=f'(x)+g'(x) \qquad (1\text{-}4)$$

これは、

「2つの関数を加えて新しい関数を作ってから微分しても、それぞれを微分しておいてから足しても結果は同じ」
ということを表す法則である。もっと端的にいうと、関数の微分と足し算はどっちを先にしても結果に違いがない、ということなのである。

$y=f(x)$、$z=g(x)$とおけば、この計算法則は

$$\frac{\mathrm{d}(y+z)}{\mathrm{d}x} = \frac{\mathrm{d}y}{\mathrm{d}x} + \frac{\mathrm{d}z}{\mathrm{d}x}$$

とも書ける。

[定数倍の微分公式]

k が定数のとき、$\{kf(x)\}' = kf'(x)$ 　　　　(1-5)

これは、
「関数に一定数をかけて新しい関数を作ってから微分しても、もとの関数を微分した後にその一定数をかけても結果は同じである」
ということを表す公式である。

$y=f(x)$とおけば、この計算法則は

$$\frac{\mathrm{d}(ky)}{\mathrm{d}x} = k\frac{\mathrm{d}y}{\mathrm{d}x}$$

と書き表せる。

ここで、(公式 1-4) と (公式 1-5) のつじつまが合っていることを確認しておこう。つまり、関数 $f(x)$ を2倍して作った関数 $2f(x)$ は、$f(x)+f(x)$ とも捉えることができる。$2f(x)$ の微分を (1-4) と (1-5) でやった結果が食い違っては具合が悪い。しかし、もちろんそんな心配はいらない。

$f(x)+f(x)$ の微分を (公式 1-4) で計算すると、

$$\{f(x)+f(x)\}'=f'(x)+f'(x)=2f'(x)$$

となって，(公式 1-5) の結果と同じになる。

　(公式 1-4)，(公式 1-5) の証明は，$\Delta y \div \Delta x$ の極限の定義にさかのぼって行えばよい。(公式 1-4) についてやってみよう。

[証明]

　$h(x)=f(x)+g(x)$ とおき，定義通りに微分する。

$$\frac{h(x+\varepsilon)-h(x)}{\varepsilon}=\frac{\{f(x+\varepsilon)+g(x+\varepsilon)\}-\{f(x)+g(x)\}}{\varepsilon}$$

$$=\frac{f(x+\varepsilon)-f(x)}{\varepsilon}+\frac{g(x+\varepsilon)-g(x)}{\varepsilon}\xrightarrow{\varepsilon\to 0} f'(x)+g'(x)$$

したがって $h'(x)=f'(x)+g'(x)$ が示された。

　(公式 1-5) については練習問題とする（面倒がらずに，きちんと式を書いてやってみよう）。

[練習問題 4]　k が定数のとき，$\{kf(x)\}'=kf'(x)$ を証明せよ。

　和の微分公式の証明をもっと直感的に理解したければ，〜の記号を使って，おおざっぱな計算をしてみるとよい。

　$y=f(x)$，$z=g(x)$，$w=h(x)=f(x)+g(x)$ と変数をおくとき，$x=a$ における微分係数 $f'(a)$，$g'(a)$ を α，β とおけば，微分係数は x の変化に対して y の変化が（局所的に）何倍として反映させるか，を表すものであることから

$$\Delta y \sim \alpha\, \Delta x, \quad \Delta z \sim \beta\, \Delta x$$

が得られる（〜は，「近い」の意味であることを思い出そう）。

　この 2 式を加え合わせれば，

$$\Delta(y+z)\sim(\alpha+\beta)\Delta x$$

となるが，$w=y+z$ だからこれはまさに，

$$\Delta w \sim (\alpha + \beta) \Delta x$$

を表しているから、$x=a$ において、x の変化に対する w の変化はちょうどそれぞれの微分係数の和の $(\alpha+\beta)$ 倍と評価できることがわかり、これはとりもなおさず、

$$h'(a) = f'(a) + g'(a)$$

を意味しているわけである。

もちろん、われわれは記号「$\sim$」に関する演算法則を正当化していないので、心もとないのは確かである。だからこれは、証明というよりは「解釈」に近い。しかしながら、この方が微分演算の本質を突いているところも大きく、この本ではこのような直感的な把握を、臆病にならずに利用していくことにしたい。

以上のように、（公式 1-4）（公式 1-5）は非常に自然な計算法則である。すこし背伸びした表現をすれば、足し算の交換可能性と定数倍の交換可能性の両方が成立することを「線形性」という。こういう線形性のもつ、数学的に共通する法則をさぐるのが「線形代数」という分野で、これについては、このシリーズの『ゼロから学ぶ線形代数』を読んでいただければ幸いである。

動く歩道も数学

上に述べた公式が自然なものであることは、物理モデルでの「速度」や経済モデルでの「限界費用」に置き換えてみれば一目瞭然である。

（公式1-4）を「速度」で解釈してみよう。まず「動く歩道」の上を歩く人を想像してみて欲しい。$f(x)$ が動く歩道の x 分間の移動距離、$g(x)$ が歩道上の人の歩く距離とする。この人の実際の移動距離 $h(x)$ は $f(x)+g(x)$ となるはずである。したがって、この人の移動速度 $h'(x)$ は $\{f(x)+g(x)\}'$ である。ところで、動く歩道の速度は $f'(x)$ であり、その歩道上での人の移動速度は $g'(x)$ であるから、この人の実際の速度がその2

つの速度を足し合わせた $f'(x)+g'(x)$ だ、ということは容易に想像できる。これは（公式 1-4）の内容そのものを表している。

では、次に「限界費用」から解釈してみよう。

限界費用というのは、あとちょっとだけ生産を増加させるときに必要な費用を、1単位生産増加に換算して計ったものである。ここで、x 単位の製品を生産するために、原料のための費用 $f(x)$ と人件費 $g(x)$ がかかるとしよう。そうすると、かかる費用全体は $f(x)+g(x)$ と表される。したがって、限界費用はこれを微分したものであるから、$\{f(x)+g(x)\}'$ となるのであるが、生産量を x 単位からちょっと増やすのに必要な費用は、明らかに原料費で増える分と人件費で増える分との合計であるから、限界費用はそれらおのおのの限界費用の和 $f'(x)+g'(x)$ と考えていいだろう。これこそ（公式 1-4）そのものなわけである。

積の微分公式

では、次の公式に進むことにしよう。

[積の微分公式]
$$\{f(x)g(x)\}'=f'(x)g(x)+f(x)g'(x) \tag{1-6}$$

これを別の表記にすれば、$y=f(x)$, $z=g(x)$ とおくとき

$$\frac{d(yz)}{dx}=\frac{dy}{dx}z+y\frac{dz}{dx} \tag{1-6}'$$

と書ける。

これは（公式 1-4）、（公式 1-5）に比べて、直感的に捉えづらい。
「2つの関数をかけてから微分すると、一方の微分と他方そのままをかけた2種の積を加えたものになる」
というわけだが、これはそもそも公式そのものが何を意味しているのかわ

かりにくいのである。まず証明を見ておこう。もちろん、これも定義に戻って、$\Delta y \div \Delta x$ を作り極限を取るのである。

[証明]

$h(x)=f(x)g(x)$ とおき、定義通りに微分する。

$$\frac{h(x+\varepsilon)-h(x)}{\varepsilon} = \frac{\{f(x+\varepsilon)g(x+\varepsilon)\}-\{f(x)g(x)\}}{\varepsilon}$$

$$= \frac{\{f(x+\varepsilon)g(x+\varepsilon)-f(x)g(x+\varepsilon)\}+\{f(x)g(x+\varepsilon)-f(x)g(x)\}}{\varepsilon}$$

$$= \frac{f(x+\varepsilon)-f(x)}{\varepsilon}g(x+\varepsilon)+f(x)\frac{g(x+\varepsilon)-g(x)}{\varepsilon}$$

ここで ε を 0 に近づけていくと、$\frac{f(x+\varepsilon)-f(x)}{\varepsilon}$ は $f'(x)$ に、$g(x+\varepsilon)$ は $g(x)$ に、$\frac{g(x+\varepsilon)-g(x)}{\varepsilon}$ は $g'(x)$ に近づくので、

$$\frac{h(x+\varepsilon)-h(x)}{\varepsilon} \xrightarrow{\varepsilon \to 0} f'(x)g(x)+f(x)g'(x)$$

となり、このことから、$\{f(x)g(x)\}'=f'(x)g(x)+f(x)g'(x)$ が示されたことになる。

読者諸君もこの証明にとまどったことと思う。この証明は非常に見通しが悪く、特に式変形の 1 行目から 2 行目が唐突すぎて、何をしているのかちんぷんかんぷんかも知れない。

そこで、もっと直感的に把握してもらうために、デルタ Δ を使った近似計算の解釈に戻って考えてみることにする。

「和の公式」のときと同じく、$y=f(x)$、$z=g(x)$、$w=h(x)=f(x)g(x)$ と変数をおく。そして $x=a$ における微分係数 $f'(a)$、$g'(a)$ を、α、β とおけば、

$$\Delta y \sim \alpha \Delta x, \quad \Delta z \sim \beta \Delta x$$

である。ここで、x をちょっとだけ増やしたとき、$w=yz$ はどのくらい増えるかを考えてみよう。

y は Δy だけ増え、z は Δz だけ増えるのだから、w は yz から $(y+\Delta y)(z+\Delta z)$ まで変化すると考えられる。したがって w の増加分は、

$$\Delta w = (y+\Delta y)(z+\Delta z) - yz = (\Delta y)z + y(\Delta z) + \Delta y \Delta z$$

で計算される。これに上の近似式を代入すれば、

$$\Delta w \sim (\alpha \Delta x)z + y(\beta \Delta x) + (\alpha \Delta x)(\beta \Delta x)$$
$$= (\alpha z + y\beta)\Delta x + \alpha \beta (\Delta x)^2$$

という近似式が完成する。困るのは、右辺の第2項の出現である。知りたいのは Δw が Δx の何倍程度になるかなのだから。

ここで粗雑ながら $(\Delta x)^2$ が Δx に対してどのような大きさ具合であるかを評価してみることにする。

Δx が 0.1 ならば、$(\Delta x)^2$ は 0.01 であり、これは 10% 程度である。Δx が 0.01 ならば $(\Delta x)^2$ は 0.0001 であり、これは 1% 程度である。以下、Δx が微小であるなら微小であるほど、$(\Delta x)^2$ の Δx に比較した大きさは塵のごとくなっていく（おおまかに言えば、Δx のもつ 0 の個数の約 2 倍だけ 0 をもつのである）。したがって、「～」を使った近似式は、そもそも Δx を微細なものとして考えているわけだから（というか、Δx を 0 に近づけて理想化しようとしているわけだから）、$(\Delta x)^2$ は Δw の換算には影響がないものと考えても差し支えないであろう。したがって、

$$\Delta w \sim (\alpha z + y\beta)\Delta x$$

と書くことができ、これは $y=f(x)$、$z=g(x)$、$w=f(x)g(x)$、$\alpha = f'(a)$、$\beta = g'(a)$ を代入すれば、とりもなおさず、

$$\{f(a)g(a)\}' = f'(a)g(a) + f(a)g'(a)$$

という（公式 1-6）を表していることになる。以上のことを図示すれば、図 1-18 のようなる。

（公式 1-6）の直接的な応用として、べき乗関数の微分係数を求めてみよう。x^2、x^3 の導関数が、$2x$、$3x^2$ であるというのはすでに計算してみせたので、ここでは x^4 の導関数を（公式 1-6）を利用して求めてみよう。

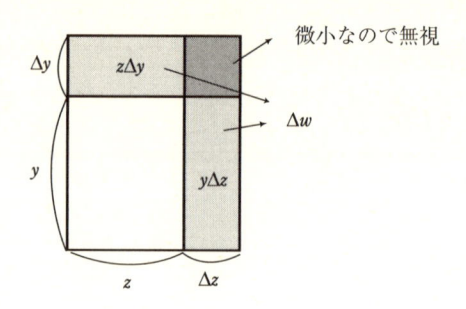

図1-18

$$(x^4)' = (x^3 x)' = (x^3)'(x) + (x^3)(x)' = (3x^2)(x) + (x^3)(1)$$
$$= 3x^3 + x^3 = 4x^3$$

このように、次数が1小さいべき乗関数の導関数が求まっていれば、次の次数のべき乗関数の導関数は、（公式 1-6）によって求めることができる。具体的には練習問題でやってもらうとして、ここでは結果を書いておこう。

［べき乗関数の導関数］

$$(x^n)' = nx^{n-1} \tag{1-7}$$

要するに「指数が係数に現れて、次数が1落ちる」というシステムになっているわけだが、今後もこのシステムが繰り返し導関数計算の中に出てくるので、このシステムをよく飲み込んでいてほしい。

［練習問題5］ n が自然数のとき、$(x^n)' = nx^{n-1}$ を数学的帰納法で証明せよ。

商の微分公式

> **[商の微分公式]**
>
> $$\left(\frac{g(x)}{f(x)}\right)' = \frac{g'(x)f(x) - g(x)f'(x)}{f(x)^2} \quad (1\text{-}8)$$

　この公式の定義からの証明は練習問題にしておいて、ここでは（公式1-6）を利用した証明をお見せする。直感的な理解からは遠くなるが、鮮やかな計算である。

[証明]

$h(x) = \dfrac{g(x)}{f(x)}$ とおく。

$h(x)f(x) = g(x)$ として、両辺を微分する。左辺は積の微分公式（公式1-6）を利用して、

$$h'(x)f(x) + h(x)f'(x) = g'(x)$$

$h(x) = \dfrac{g(x)}{f(x)}$ を代入すると、

$$h'(x)f(x) + \frac{g(x)}{f(x)}f'(x) = g'(x)$$

これを $h'(x)$ について解けば、公式は完成する。

$$h'(x) = \frac{1}{f(x)}\left(g'(x) - \frac{g(x)}{f(x)}f'(x)\right) = \frac{g'(x)f(x) - g(x)f'(x)}{f(x)^2}$$

　この応用として、分数関数の導関数を求めてみよう（a は自然数とする）。

$$\left(\frac{1}{x^a}\right)' = \frac{(1)' x^a - 1 (x^a)'}{(x^a)^2} = \frac{-ax^{a-1}}{x^{2a}} = -a\frac{1}{x^{a+1}}$$

ここで、$\dfrac{1}{x^a}$ が、x^{-a} と指数表現できることを思い出せば、上の公式は

$$(x^{-a})' = -ax^{-a-1}$$

と表記できるので、マイナスの数 $(-a)$ を n とおくと、やはり

$$(x^n)' = nx^{n-1}$$

と表現することができる。さっきのべき乗の導関数の（公式 1-7）は、n がマイナスの整数の場合もそのまま成立することがわかった。

[練習問題 6] $h(x) = \dfrac{g(x)}{f(x)}$ の導関数を定義通りの計算で求めよ。

合成関数の微分公式

さて、非常に重要な「合成関数の微分公式」に移ることにしよう。

合成関数というのは、2 つの関数を接続したものである。すなわち、x という数を、f というシステムで加工したあと、できあがった新しい量 $f(x)$ を、次なる g というシステムで加工して、また別の量に仕立てるわけである。このダブル加工の結果、$g(f(x))$ という入れ子になった関数ができる。

例えば、ある人の x 歳のときの体重を $y = f(x)$ としよう。そして、体重 y キロの人に必要な 1 日のカロリー数を $z = g(y)$ としよう。このとき、この 2 つの転換式をつなぐことによって、x 歳のときに必要なカロリーを計算する関数ができる。それは $z = g(f(x))$ である。これが典型的な合成関数の一例である。では、合成関数の微分公式を書いてみよう。

［合成関数の微分公式］

$$(g(f(x)))' = g'(f(x)) f'(x) \qquad (1\text{-}9)$$

これは式だけ見ていても感触がつかめないと思うので、まず、公式を直感的に把握する作業から始めることにしよう。しばらく抽象的な議論が続くが、すべてわかってしまえば青空の下に出られるので、がまんして読ん

でいってほしい。

さて、2つの計算システムを連結した計算システムの導関数は、第1の計算システムの導関数に、第2の計算システムの導関数をかけ算したものとなる。

例えば、$(x^2)^3$という合成関数を考えてみよう。

これは、2乗した後にそれを3乗する、という関数である。つまり、2乗するシステムと3乗するシステムとを接続したシステムというわけだ。

これは分解すれば、$x \to x^2$と、$\square \to \square^3$、という2つのシステムになる。1つ目の出力x^2を2つ目の$\square$のところに代入すれば、合成関数$(x^2)^3$という出力が得られる。

さてこの公式は、この合成関数$(x^2)^3$の導関数が、2つのシステム$x \to x^2$と$\square \to \square^3$とをおのおの微分し、その導関数をかけ合わせることで得られることを主張するものである。とりあえず、やってみよう。

$x \to x^2$という関数の導関数は、$2x$である。また、$\square \to \square^3$の導関数は$3\square^2$である。したがって、$(x^2)^3$の導関数は、これをかけ合わせた$3\square^2 \times 2x$である。この$\square$のところにx^2を代入すれば、仕上げとなる。つまり$3\square^2 \times 2x = 3(x^2)^2 \times 2x = 6x^5$、が求める導関数となる。

実際、$(x^2)^3 = x^6$だから、この導関数を直接求めると、$6x^5$となり、つじつまがあっている。

どうしてこんな単純な計算でいいのかは、本書をここまで読んできて微分係数のイメージを具体的につかめている人には、なるほどとわかるはずである。まず、「平行座標軸」を利用してこの計算法則の図解による解明をやってみよう。

図1-19を眺めてみて欲しい。

合成関数というのは、3本の平行座標軸をつなぐ矢印で表現される。

$x \to x^2$を、x軸からy軸への関数$y = x^2$で表し、$\square \to \square^3$を、y軸からz軸への関数$z = y^3$で表す、とすれば、$y = x^2$の微分係数$2x$は、x軸上の微小区間のy軸上への拡大率を表し、$z = y^3$の微分係数$3y^2$は、y軸上の微小区間のz軸上への拡大率を表している。したがって、合成関数はこの2つを連結して作るxからzへの関数と捉えられるから、その拡大

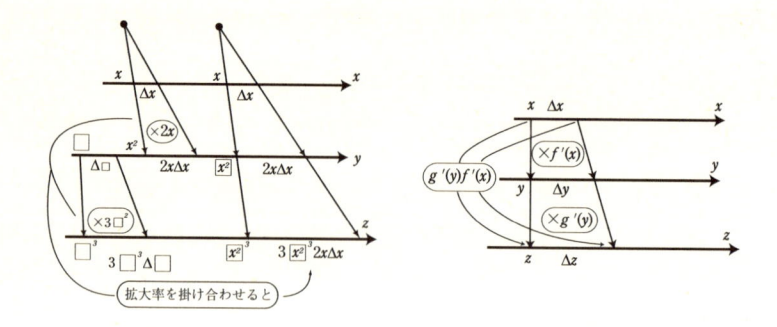

図 1-19

率は2つの拡大率をかけ合わせたものになるだろうと容易に想像できる。

このことを近似式の立場から確認してみよう。

$$y=x^2 \text{ の微分を表すと、} \Delta y \sim 2x\Delta x \qquad ①$$

$$z=y^3 \text{ の微分を表すと、} \Delta z \sim 3y^2\Delta y \qquad ②$$

①を②に代入すれば、

$$\Delta z \sim 3y^2(2x\Delta x) = 3(x^2)^2(2x\Delta x) = 6x^5\Delta x$$

式で見ると、込み入っているようだが、要するに$\Delta y = \alpha\Delta x$と、$\Delta z = \beta\Delta y$とから、$\Delta z = \beta\alpha\Delta x$が導かれること、$\alpha$倍の拡大と$\beta$倍の拡大をつなぐと$\beta\alpha$倍の拡大になることを表しているわけである。

ここまでわかってしまうと、証明などもういらないという気持ちになってくるが一応やっておこう。実はちょっとテクニカルなところがあってわかりづらいが、公式の意味を理解してしまった読者には、どうでもいいように感じられるに違いない。

[証明] $g(f(x))$の微分

$f(x)$の導関数を$f'(x)$とすると、

$$\frac{f(x+\varepsilon)-f(x)}{\varepsilon} \xrightarrow{\varepsilon \to 0} f'(x)$$

であり、これは $\dfrac{f(x+\varepsilon)-f(x)}{\varepsilon}$ が、ε を 0 に近づけるとともに、$f'(x)$ に近づくことを意味している。$f'(x)$ との差 α は、ε に応じて決まるので ε の関数として表現できるから、$\alpha(\varepsilon)$ と書ける。

$$\frac{f(x+\varepsilon)-f(x)}{\varepsilon}=f'(x)+\alpha(\varepsilon)$$

より、

$$f(x+\varepsilon)-f(x)=f'(x)\varepsilon+\alpha(\varepsilon)\varepsilon \qquad ①$$

ここで、$\varepsilon \to 0$ のとき、$\alpha(\varepsilon) \to 0$ である。

　全く同様にして、

$$g(y+\delta)-g(y)=g'(y)\delta+\beta(\delta)\delta \qquad ②$$

ここで、$\delta \to 0$ のとき、$\beta(\delta) \to 0$ である（δ はデルタ $\varDelta$ の小文字）。

　この②式の y に $f(x)$ を、δ に $f'(x)\varepsilon+\alpha(\varepsilon)\varepsilon$ を代入する。

$$g(f(x)+f'(x)\varepsilon+\alpha(\varepsilon)\varepsilon)-g(f(x))$$
$$=g'(f(x))(f'(x)\varepsilon+\alpha(\varepsilon)\varepsilon)+\beta(\delta)(f'(x)\varepsilon+\alpha(\varepsilon)\varepsilon)$$

上の式で、一番最初の関数の中身は、①より、$f(x+\varepsilon)$ に置き換えられる。そして、両辺を ε で割ると、

$$\frac{g(f(x+\varepsilon))-g(f(x))}{\varepsilon}$$
$$=g'(f(x))(f'(x)+\alpha(\varepsilon))+\beta(\delta)(f'(x)+\alpha(\varepsilon))$$

ここで ε を 0 に近づける。すると、$\alpha(\varepsilon)$ はその定義から 0 に近づく。

　また、$\delta=f'(x)\varepsilon+\alpha(\varepsilon)\varepsilon$ も、0 に近づく。そうすると、$\beta(\delta)$ も 0 に近づく。したがって、

$$\frac{g(f(x+\varepsilon))-g(f(x))}{\varepsilon} \xrightarrow{\varepsilon \to 0} g'(f(x))f'(x)$$

が示された。

　この証明は、途中がかなり取ってつけたように感じられるが、酔狂な人

はつぶさに式展開を追ってみて欲しい。さっき、直感的に解説していたことを論理的に精密化しているだけにすぎないことがわかるだろう。

このように、数学の証明とは多くの場合、直感を使って乱暴に網にかけた獲物を、どこにも傷をつけないように丁寧に捕獲する作業をしているにすぎないといってよい。

さて、この公式を $\dfrac{dy}{dx}$ の形式を利用して記述すると、あっと驚く公式となる。$y=f(x)$、$z=g(y)$、$z=g(f(x))$ とおくと、

$(g(f(x)))'=g'(f(x))f'(x)$ の公式は

$$\frac{dz}{dx}=\left[\frac{dz}{dy}\right]\left[\frac{dy}{dx}\right]$$

と書ける。これはあたかも、記号 dy が約分されているように見えるが、もちろん、そういう安易な約分ではない。前に 15 ページで指摘したように、$\dfrac{dy}{dx}$ は割り算ではなく、単なる一揃いの記号にすぎない。写真に撮った寿司であるから、ネタとシャリをはがすことはできない。したがって、公式は、あたりまえに約分できるわけではなく、「法則として約分できる」わけである。

では、この公式を使った計算例を見てみよう。

(例1) $h(x)=(3x^2+5x)^4$ の導関数を求めよ。

$f:x \to 3x^2+5x$ と $g:\square \to \square^4$ に分解する。

f と g を合成したのが h である。

f の導関数は、$6x+5$、g の導関数は、$4\square^3$ であるから、これをかけ合わせて、$\square$ に $3x^2+5x$ を代入すればできあがりである。

$$h'(x)=g'(f(x))f'(x)=4(3x^2+5x)^3(6x+5)$$

[練習問題7] $f(x)=(x^3+x)^2$ の導関数を（公式 1-9）から求めよ。また、$(x^3+x)^2$ を展開してから導関数を求め、一致することを確認せよ。

応用例

　この公式の賢い応用法として、べき乗根関数の導関数を求めてみよう。

$$f(x) = \sqrt[n]{x}$$

が、べき乗根関数である。

　今まで見てきた導関数の公式に結びつけるために、両辺を n 乗する。

$$f(x)^n = x$$

　そしてこの両辺の導関数を求める。左辺が、$x \to f(x)$ と $\square \to \square^n$ の合成であることを意識すれば、導関数は $nf(x)^{n-1}f'(x)$ であり、右辺の導関数は 1 であるから、

$$nf(x)^{n-1}f'(x) = 1$$

となる。ここに、$f(x) = \sqrt[n]{x}$ を代入すれば、

$$n(\sqrt[n]{x})^{n-1}f'(x) = 1$$

これを解けば、

$$f'(x) = \frac{1}{n}\frac{1}{(\sqrt[n]{x})^{n-1}}$$

となる。これでは全くわけのわからない公式にすぎないが、$\sqrt[n]{x} = x^{\frac{1}{n}}$ という記号法を利用すると、もっと見通しが明るくなる。つまり

$$(x^{\frac{1}{n}})' = \frac{1}{n}x^{\frac{1}{n}-1}$$

となるので、42 ページのべき乗の導関数についての（公式 1-7）が、そのまま指数が分数のときにも成立することが判明したわけである。

　ここまでくると、指数を一般化した形式（$\sqrt[n]{x^m} = x^{\frac{m}{n}}$）がいかにうまい具合に働いているかがわかるというものである。

[練習問題 8]　$f(x) = \sqrt[3]{x}$ の導関数を指数に直すことで求めよ。

1.4. 微分でわかる（?）、最大値・最小値

極値条件

数理科学では、関数の最大値や最小値を求めるのはしばしば重要な問題である。導関数はこれに大きな威力を発揮する。

最大値や最小値そのものは、微分法になじまないケースを含むので、まず極値という概念を導入しよう。

［極値の定義］

$f(x)$ が $x=a$ で極値を取るとは、$p<a<q$ を満たすある p, q に対して、区間 $p \leq x \leq q$ において、$f(a)$ が最大値または最小値になっていることである。つまり局所的に $f(a)$ が最大値、または最小値になっていることである。

このとき、グラフ上の極値を取っている点を極点と呼ぶ。

局所的最大値の場合を極大値および極大点、局所的最小値の場合を極小値および極小点と呼ぶ。

要するにこれは、a の左右ごく近くだけを見れば、$f(a)$ が最大値か最

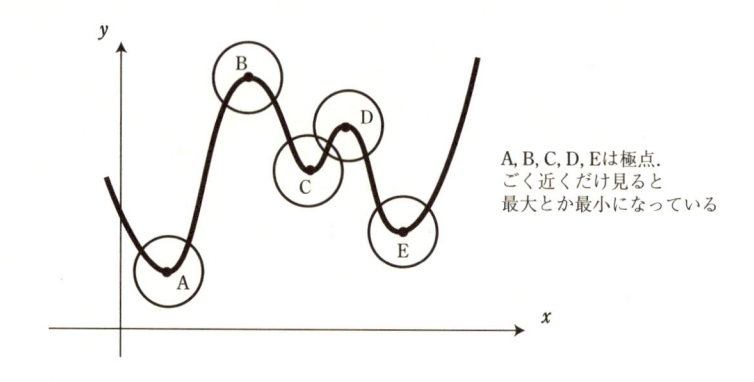

A, B, C, D, Eは極点.
ごく近くだけ見ると
最大とか最小になっている

図 I-20

小値となっていることをいっているにすぎず、絵で描くと図1-20のようになっている場合である。

極点はどんな特徴を持っているだろうか。結論を先に言ってしまおう。

［極値の1階条件］

　$f(x)$ が $x=a$ で極値を取るならば、$x=a$ における微分係数は0である。

　すなわち、$f'(a)=0$。

これはまさに単純にして明快な法則である。この法則こそが、微分法の面目躍如といってよい。

まずこの法則を、図から理解してしまうことにしよう。

微分係数とは、接線の傾きであった。図1-21を見て欲しい。

極点では接線が水平になるのが見て取れる。だから、極点では $f'(a)=0$ となるわけである。

このことは、次のような実体験から想像し得ることである。

極点では接線は水平になる

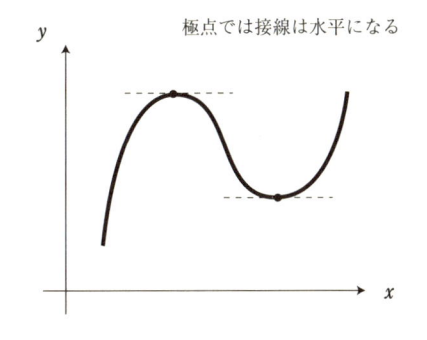

図1-21

山登りでは頂上を通る瞬間、自分が平坦な道を進む感覚になる。いままでのキツさが消え、楽になる。これは山の頂上での接線が水平な道になっているからである。あるいは、こういう体験でもいい。ジェットコースターが頂上に登ったり、谷底に落ちたりした瞬間、体は水平になる。そういうことである。と、いったん図で直感的につかんだ上で、もうすこし精密な証明を考えてみよう。

[証明]

$f(x)$ が、$x=a$ で極大値を取る場合を扱う（極小値の場合も同様である）。

微分係数 $f'(a)$ とは、$\dfrac{f(a+\varepsilon)-f(a)}{\varepsilon}$ の ε を 0 に近づけたときの極限である。

ここで、この式の符号について分析してみよう。

$f(a)$ が極大値であるということは、ε を十分小さく取れば、つまり $x=a$ のごく近くで考えれば、$f(a)$ はそのあたりで最大値なのだから、$f(a+\varepsilon)-f(a)$ は 0 以下である。したがって、$\dfrac{f(a+\varepsilon)-f(a)}{\varepsilon}$ は ε がプラスなら 0 以下、ε がマイナスなら 0 以上である。ゆえに、ε をプラスに保ったまま 0 に近づければ極限は 0 以下であるし、マイナスに保ったまま 0 に近づけるなら、極限は 0 以上である。ということは、極限は 0 以下でも 0 以上でもあるわけだから、0 にならなければならない。これは、$f'(a)=0$ を意味している。

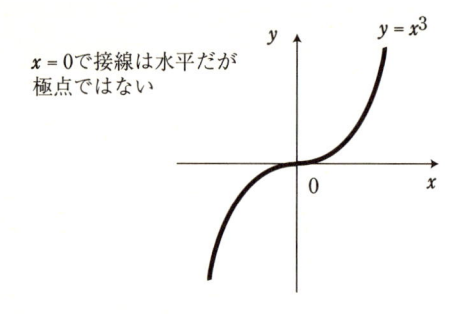

$x=0$ で接線は水平だが極点ではない

図 1-22

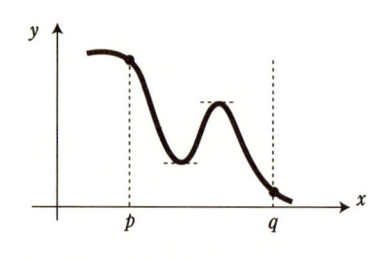

図 1-23

この法則の使い方に関していくつかの注意点をまとめておこう。

極点を求めたいとき、$f'(a)=0$ という条件を課すことで取りこぼしなしに候補者をしぼることができる。しかし、この条件で生き残ったからといって、即それが極点と判断してはいけない。極点でないのに $f'(a)=0$ を満たす可能性があるからである（図 1-22 参照）。1 階条件はあくまで必要条件にすぎず、候

補者をしぼることにしか使えないのだ。

最後に最大値や最小値の発見の仕方についてコメントしておこう。

x を実数全体で動かすときの $f(x)$ の最大値や最小値を求めたいとする。この場合の最大値、最小値は、極大値、極小値であるので、1階条件を満たすものの中から最大値、最小値を選び出せばよい。

しかし、区間 $p \leq x \leq q$ において $f(x)$ の最大値や最小値を求めたいときは、端点 $x=p$ や $x=q$ では、極値でないにもかかわらず最大値や最小値を取る可能性もあるので注意しなければならない（図1-23）。

[練習問題9]
(1) $f(x) = x^3 - 6x^2 + 9x + 1$ の極値の1階条件を満たす x を求めよ。
(2) $f(x) = x + \dfrac{1}{x}$ の極値の1階条件を満たす x を求めよ。

グラフの描き方

極値の1階条件の考え方を拡張すると、関数の局所的な増減状態を判断する法則を手に入れることができる。これが手に入れば、関数のグラフのおおよその形を描くことが可能になる。

> [関数の増減]
> $f'(a) > 0$ ならば、$f(x)$ は $x=a$ の近辺で増加状態にあり、
> $f'(a) < 0$ ならば、$f(x)$ は $x=a$ の近辺で減少状態にある。

この法則は、さっきの1階条件とは逆に、微分係数の符号から関数の動向をさぐるものである。証明はほとんどさっきと同様である。

[証明]

$f'(a)$ は、$\dfrac{f(a+\varepsilon) - f(a)}{\varepsilon}$ の ε を0に近づけたときの極限だから、$f'(a) > 0$ とすると、ε が十分0に近いとき $\dfrac{f(a+\varepsilon) - f(a)}{\varepsilon}$ はプラスである。

これは $f(a+\varepsilon) - f(a)$ と ε が同符号であることを意味する。$x = a + \varepsilon$

とおけば、x が a より増えれば $f(x)$ は $f(a)$ より増加し、a より減れば、$f(x)$ は $f(a)$ より減少することを意味している。

$f'(a)<0$ の場合も同様である。

この法則は、近似式を使えばもっと直感的に把握できる。

$y=f(x)$ とおくと、$\varDelta y \sim f'(a)\varDelta x$ であるから、$f'(a)$ がプラスなら、a の近辺では、$\varDelta y$ と $\varDelta x$ は同符号である。つまり x が増えると y が増えることになるから、これはこのあたりで $f(x)$ が増加関数であることを表しているのである。

さて、この法則を利用すれば、導関数を利用してグラフの概形を描くことができる。一例として3次関数の概形を描いてみよう。

（例2） $y=f(x)=x^3-3x$ のグラフの概形を描け

まず、1階条件を求めておく。$f'(x)=3x^2-3=3(x-1)(x+1)$ より、$f'(x)=0$ の解は $x=1,-1$ である。

さらに $f'(x)$ の符号は表1-4のようになるから、関数の増減は矢印のようになり、$f(x)$ は $x=1,-1$ において、それぞれ極大値、極小値をとる。

したがって、$f(x)$ のグラフは図1-24のようになる。

この例題をよく分析すると、極値が極大値か極小値かを判定する手段がえられる。

表 1-4

x		-1		$+1$	
$f'(x)$	$+$	0	$-$	0	$+$
$f(x)$	↗	2	↘	-2	↗

　　　　　　　↑　　　　↑
　　　　　　極大値　　極小値

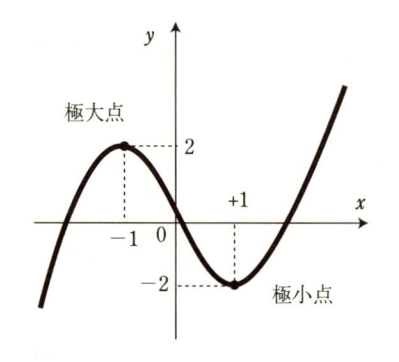

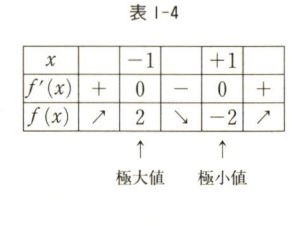

図 1-24

> **［極値の2階条件］**
>
> 　関数 $f(x)$ が $x=a$ において、$f'(a)=0$ および $f''(a)>0$ を満たすならば、$f(x)$ は $x=a$ において極小値を取る。
>
> 　また、関数 $f(x)$ が $x=a$ において、$f'(a)=0$ および $f''(a)<0$ を満たすならば、$f(x)$ は $x=a$ において極大値を取る。

　$f(x)$ に対して、その導関数 $f'(x)$ をもう1回微分したものを「2階の導関数」といい、$f''(x)$ と書く。

　2階導関数の符号を調べることから、この条件は2階条件と呼ばれる。この法則の証明は簡単である。$f''(a)$ がプラスならば、$f'(x)$ は $x=a$ の近辺では増加関数となる。$f'(a)=0$ だから、$f'(x)$ は、$x=a$ のところで、マイナスからプラスに転じる。これは $f(x)$ が $x=a$ の前後で、減少から増加に転じることを意味するので、$f(x)$ は $x=a$ において極小値を取るというわけである。後半も同様にわかる。

　この2階条件は、第3章で解説する「テーラー展開」という法則を利用すると、もっと具体的に理解することが可能となることを予告しておこう。

［練習問題10］
(1)　$f(x)=x^3-6x^2+9x+1$ のグラフの概形を描け。
(2)　$f(x)=x+\dfrac{1}{x}$ （ただし $x>0$） のグラフの概形を描け。

微分法で、世界を捉えよう

　前頭では、微分法の応用として、極値の「1階条件」、「2階条件」、それとグラフの概形の描き方を解説した。その応用として、具体的な現象モデルを解説してみたい。

　例として取りあげるのは、またまた物理学と経済学である。

　では、まず物理学の応用例を見てみよう。

(物理学からの例) 炭酸飲料の泡

　ビールを初めとする炭酸飲料の泡について、半径 r の泡のもつエネルギー $E(r)$ は

$$E(r) = -ar^3 + br^2$$

で与えられることが知られている。ここで、a、b は正の定数である。

　炭酸飲料は、二酸化炭素が過飽和状態になっているので、二酸化炭素は液体に溶けているよりも気体でいるほうが安定である。よって、泡の体積 $\frac{4}{3}\pi r^3$ に比例してエネルギーが小さくなる。これが第 1 項である。一方、泡と水の境目には表面張力が働く。表面張力はできるだけ表面を小さくしようとする性質がある。そのために表面積 $4\pi r^2$ に比例してエネルギーが大きくなる。これが第 2 項である。

　ここで、「泡はできるだけエネルギーを小さくしようとふるまう」ことがわかっている。するとどんなことが起きるのだろうか。

　まずは、エネルギーのグラフを描いてみよう。$E(r)$ の導関数は、

$$E'(r) = -3ar^2 + 2br = -3ar\left(r - \frac{2b}{3a}\right)$$

導関数の正負を調べて、関数の増減表を作るとグラフは図 1-25 のようになる。$r > 0$ では、極大点はただ 1 つ P だけである。

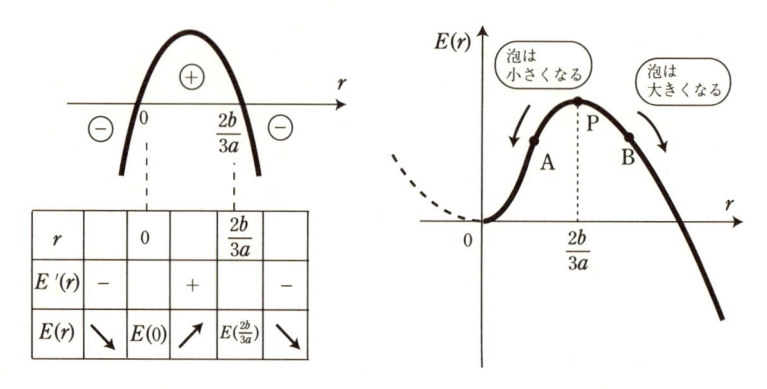

図 1-25

このグラフを眺めながら、ビールの泡のふるまいを調べるとしよう。

まず、極大点Pの左側の点Aの状態に泡の大きさがあるときはどうなるだろう。このときは、グラフを左にたどる方がエネルギー$E(r)$は小さくなる。したがって、泡は半径を小さくしようとふるまう。次に、極大点の右のBの状態に泡の大きさがあるときは、逆に、グラフを右にたどる方がエネルギーを小さくできる。したがって、泡はどんどん半径を大きくしていくのである。

実際のビールの泡を観察すると、どんな風に見えるのだろうか。

比較的小さな泡は、もっと小さくなって消えてしまう。しかし、比較的大きな泡は逆に急速に大きくなって水面に向かって昇っていき、そこで破裂する。そういう2タイプに分かれるということなのである。

ビールの泡のふるまいが、3次関数の1階条件と関係あるとは、これからビールを飲むのが楽しいというものだ。

（経済学からの例）供給曲線

新聞の経済記事を読んだり、経済ニュースを観たりしていると、「経済は需要と供給で決まる」などとよくいう。この「需要」と「供給」というのはいったい何のことであろうか。

簡単にいってしまえば、「需要」とは、「消費者がその商品を買いたがっている量」のことであり、「供給」とは「企業が商品を売りたがっている量」のことである。そして、経済学では、「需要と供給が一致する水準に取引量が決まる」と想定しているのである。

もちろん、タダに近いなら消費者はいくらでも商品を買うだろうし、逆に法外に高く売れるなら、企業はいくらでも商品を生産するであろう。だから、需要と供給はともに、価格に応じて変化する関数なのである。では、いったいどんな関数になっているのだろうか。

ここでは、供給の方だけについて考えてみることにしよう。

現代の企業の大部分は株式会社という形態をとっている。それは儲けを、株式を所有している株主に分配するから、そう呼ばれるのである。儲けは、「利潤」とも呼ばれ、売上げから費用を引き算したものである。現

代の企業は、この利潤を最大化するように運営されるといってよい。

　企業が商品を生産するには、費用がかかる。それは生産量 q の関数で、費用関数と呼ばれ、$C(q)$ と記される。一方、商品の価格を p とすると、売上げは pq である。したがって、利潤は q の関数として

$$\pi(q) = pq - C(q)$$

と書かれる。つまり、p が与えられたとき、企業はこの利潤関数 $\pi(q)$ を最大化する生産量 q を選ぶこととなる。

　したがって、1 階条件を求めれば、

$$\pi'(q) = p - C'(q) = 0$$

となる。利潤が最大になる q は、少なくともこの条件を満たすはずである。すなわち、

$$p = C'(q)$$

を満たす q が、価格 p が与えられたときの企業の生産計画となる。もちろん、この式を満たす q はただ 1 つとは限らない。複数あって、それぞれが極大値や極小値を表しているかもしれない。しかも、それらは極値でしかないから、求めている最大値ではないかもしれない。この式が示しているのは、利潤を最大にするような生産量 q が存在していて、しかも、「生産しない」とか、「めいっぱい生産する」とかの極端な形（端点解という）でないなら、q はこの式を満たすべきである、とそういうことを述べている条件式なのである。

　ところで、この式は何を意味しているのだろうか。それは「生産量は費用関数の微分係数が価格と等しくなるような水準に決まる」ということである。32 ページで、費用関数の微分係数が「限界費用」と呼ばれることを説明した。すると、このことはこういい換えることができる。

「生産量は、限界費用が価格と等しくなるような水準に決まる」

　実はこの原理はすでに 32 ページで述べたことである。どういうからく

りだったか、もう一度復習してみよう。

「限界費用」というのは、

「あとちょっとだけ生産量を増やそうとするとき、追加的に必要になる費用を、生産量1単位分の増加に換算して出した値」

である。つまり、ちょっとだけの増加した生産量と費用の比例関係を維持したまま、仮想的に1単位増加に換算したときの費用と商品価格とが等しくなるような水準で生産すべし、という意味なのである。

どうしてこれでいいかは、実は何も微分公式などひっぱりださなくてもわかることである。

もしも、限界費用より価格の方が高ければ、増産で追加的にかかる費用より販売収入の方が多いから、増産した方が得策である。逆に、限界費用より価格の方が低いなら、減産で削減される費用が、収入の減少を上回るので減産した方が得策なのである。したがって、生産量として選ぶのはこのどちらの場合でもない。生産を増加させることで追加的にかかる費用と、得られる収益の増加がつりあっていて、瞬間的にみれば、増やそうが減らそうが変わりない状態である（このことを経済学では「無差別」と表現する）。これは商売人なら本能的に持っている感覚であるから、何も導関数など大げさに持ち出さなくともいいのだが、微分公式による導出は、商売人の本能を論理的に裏づけるものといえる。

[練習問題11] 生産の費用関数を$C(q)$とするとき、製品1単位あたりにかかる費用$A(q) = \dfrac{C(q)}{q}$を平均費用という。平均費用の極点では平均費用と限界費用が等しいことを証明せよ。

平均値の定理はすごい定理である

導関数についての重要な法則として、最後に「平均値の定理」を紹介する。もったいぶらずに、先に内容を書いてしまおう。

> **[平均値の定理]**
>
> 与えられた a, b に対して、区間 $a<x<b$ の中のある数 c で、
> $$\frac{f(b)-f(a)}{b-a}=f'(c)$$
> を満たすようなものが存在する。

まず、この定理のイメージをつかむことから始めよう。

x が a から b まで増加したときの、$y=f(x)$ のグラフ上では、点 $A(a, f(a))$ から点 $B(b, f(b))$ まで移動する。このとき、直線 AB の傾きが上式の左辺の意味するものである。また、a から b へ増加する途中 $x=c$ のところの微分係数 $f'(c)$ というのは、点 $C(c, f(c))$ における接線 l の傾きである。これら2つを合わせると、こういうことになる。図1-26を見てみよう。

傾きが等しいということは、平行であることを意味するから、定理の意味することは、点 A と点 B の間のグラフの接線で、直線 AB と平行なものがある、ということである。このことは、ちょっと機転を利かせてみれば、正しいことが容易に直感できる。

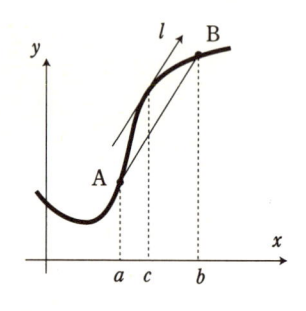

図 1-26

今、図1-27のように、直線 AB をすこしずつ上方に平行移動させてみよう。グラフから離れる瞬間に直線は接線になる。これが待望の点 $(c, f(c))$ である。

こういう風にイメージすれば、「平均値の定理」はなんということもない定理である。しかし、これでは図形的

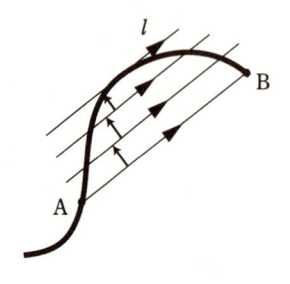

図 1-27

な直感に頼りすぎていて、なんとも心もとないという人も多いかもしれない。そこで、もうすこし計算で詰めた証明をお見せしておこう。

まず最初に、$f(a)=f(b)=0$ となるような特別な場合で証明する（この場合は特に「ロルの定理」と呼ばれている）。

$f(a)=f(b)=0$ というのは、x が a のときと b のときとで、関数値が同じ 0 であることを意味している。図1-28 を見て欲しい。グラフは、$x=a$ での 0 からスタートして、$x=b$ の 0 で終わっている。すると、
点 A$(a, f(a))$ から点 B$(b, f(b))$ までつないだ線分の傾きは当然 0 である。まず、$f(x)$ がこの区間でずっと 0 なら $f'(x)$ もずっと 0 だから定理は自動的に成立するので、そうでない場合を考えよう。ずっと 0 でないなら正の値か負の値を少なくとも 1 つは取るはずである。すると両端（$x=a$ と $x=b$）でない場所で最大値か最小値を取る。それはいずれにしても極点であり、これを $(c, f(c))$ とすると 1 階条件から $f'(c)=0$ となる。したがって、

$$\frac{f(b)-f(a)}{b-a} = 0 = f'(c)$$

となってめでたしめでたし……。

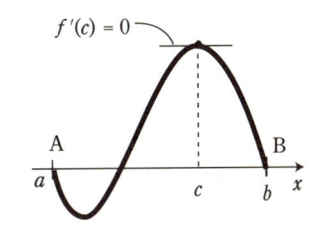

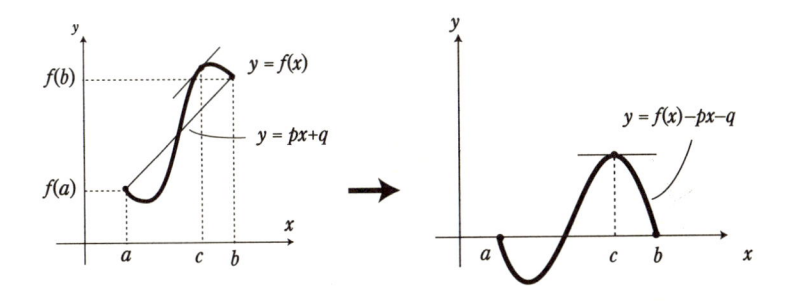

図1-28

図1-29

これを受けて一般の場合を行うのだが、図 1-29 を見よう。$f(x)$ のグラフの y 座標と線分 AB の y 座標の差を $g(x)$ とおいてみる。線分 AB を $y = px + q$ とおくと、

$$g(x) = f(x) - (px + q)$$

である。これは $x = a$ のところと、$x = b$ のところで、値 0 を取る関数である（点が一致しているからあたりまえ）。したがって、先ほどの「ロルの定理」のアイデアを使えば、とある場所 $x = c$ で $g'(x) = 0$ となるはずである。ところで、$g'(x) = \{f(x) - (px + q)\}' = f'(x) - p$ であるから、$f'(c) = p = $ (線分 AB の傾き) となり、

$$\frac{f(b) - f(a)}{b - a} = f'(c)$$

が示されたわけである。

つまり、「平均値の定理」というのは、「ロルの定理」を斜めに見たものにすぎないのである。

以上で平均値の定理の証明を終わる。このなにげない定理が次章で大活躍するのでお楽しみに。さて、この「平均値の定理」は、導関数が物理における「速度」だ、ということを念頭におくと、直感的に理解できるが、それは興味ある人のためにコラムに書いておく。

「平均値の定理」を物理から直感しよう！

直線上を運動している物体の t 秒後の位置を $f(t)$ とおこう。

a 秒後の位置 $f(a)$ と b 秒後の位置 $f(b)$ に対して、この物体は、$(b-a)$ 秒間に $(f(b)-f(a))$ だけの隔たった場所に移動したわけだから、「平均速度」は $(f(b)-f(a)) \div (b-a)$ ということになる。ところで、各点を物体が通過するときの「瞬間速度」というのは、各点における $f(t)$ の微分係数 $f'(t)$ である。そうすると、「平均値の定理」が主張しているのは、以下のようなことになる。

「平均速度」と等しくなる「瞬間速度」が途中に必ず存在する

こういう風に解釈してみると、これはあたりまえといえばあたりまえである。

　例えば、ある道程を平均して時速100キロで走ったとしよう。その場合、速度メーターが常に100キロを下回っていることはありえない。もしそうなら、1時間で100キロ走ることは不可能である。また、速度メーターが常に100キロを超えていることもありえない。もしそうなら、1時間走ると100キロを優に超えてしまうはずである。したがって、たとえ刻々と速度を変えているにしても、時速100キロ以上のときと、時速100キロ以下のときが双方存在するはずである。ということは、その間の速度変化で時速100キロになる瞬間がある、そういうことになる。

　（以上の説明は、前に行った「証明」をイメージ化したたとえ話ではない。この説明の背後には、ある種の「連続性」が仮定されているからである。しかし、本書で前提としているような非常に素性のいい関数、つまり何回でも微分することができるような関数については、このたとえ話のアイデアをそのまま証明に移植することは可能である。）

[練習問題12]

(1) $f(x) = x^2$ のとき、平均値の定理

$$\frac{f(b) - f(a)}{b - a} = f'(c)$$

の成立するような a、b、c について、c を a と b で表せ。

(2) $f(x) = x^3$ と、$b > a > 0$ なる a と b があるとき、

(ア) $\dfrac{f(b) - f(a)}{b - a}$ を計算せよ。

(イ) $f'(c)$ を c の式で表せ。

(ウ) $\dfrac{f(b) - f(a)}{b - a} = f'(c)$ をみたす c が a と b の間にあることを簡単な方法で確かめてみよ。

第2章
積分とは
こういうことだったのか

面積を疑う

　平面図形の面積や立体図形の体積を求めることを「求積(きゅうせき)」という。
　求積は、古(いにしえ)から人間の生活に密接していた。土地の面積を測ったり、樽の容積を定めたりするのは、商取引をする上で欠かすことのできない作業だからである。したがって、数学の初期の発展は求積にちなんだものが多い。
　特筆すべきなのは、アルキメデス（287？〜212 B.C.）である。アルキメデスは素っ裸で街を走ったエピソードであまりにも有名だが、本当は数学的な業績で名を残している人である。彼は、円周率を3.14まで正確に計算し、さらには円錐の体積や、球の体積と表面積、はたまた放物線の作る面積までも求積している。これは今から2000年以上も昔、紀元前のことであるからその知性にはひれ伏すほかない。
　ところで、こういう話を啓蒙(けいもう)書などで読んだり、数学の先生から聞いたりするとき、1つごまかされていることがあるのを読者は気づいているだろうか。
　それは

「面積とはそもそも何であるか」

ということである。多くの啓蒙書や先生たちは、面積というものが初めから暗黙のうちに存在しているかのように話をしていて、「それをどう計算するか」という方が話題の中心になっている。またそれを多くの読者・学

生も自然に受け入れている。もちろんこれは当然である。大部分の人は、幼ないころからの生活や教育で、面積の実在を疑いはしない。しかし、よく思い出してみると、面積というものが一度も明確に定義されたことがないのに気づくだろう。

日常生活を考えてみれば面積はあってあたりまえだから、今さらほじくりかえすまでもないという意見も一理ある。けれど、そもそも面積をある程度きちんと定義しないと、その性質を議論することができない。また、発展させることもできない。だから、面積というものを定義することは、たいへん重要なことなのである。

ニュートンとライプニッツの無限小の計算術は、なんとこの求積に大きな威力を発揮することになる。これは魔法といってもいい。アルキメデスもビックリの方法なのである。墓の下で、きっとじだんだを踏んでくやしがっていることだろう。

2.1. 積分もゼロから考えよう

連続的に変化する量を集計する

まずは導入として、物理学からの例題をやってみよう。

> **(例1)** 海上を進む波は、海の深さの平方根に比例した速度で進むことが知られている。簡単のため、深さ x の平方根 $\sqrt{x}$ そのものを速度としておく。このとき、海底が図 2-1 のような傾斜 45 度の直線斜面になっている場合、波が深さ a の場所から深さ b の場所まで進むのにかかる時間を求めよ。

この問題のテーマは何であろうか。もちろん「瞬間の速度」である。波の速度は海の深さで決まるが、深さはどの地点でも異なっているから、海の上に顔を出して進む波の速度はその瞬間瞬間で違う。このように、刻一刻と速度の変わる運動において、その移動距離、時間をどう算出したらよいか。これがこの問題の投げかけるテーマなのである。

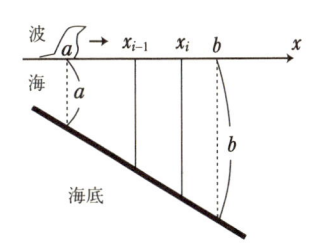

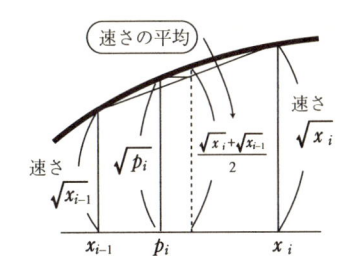

図 2-1

では、どう解いたらよいのだろうか。

［距離］÷［平均速度］＝［時間］であるから、ある幅を取って、その幅を速度で割ればとりあえず移動時間が出る。しかし問題は、その幅の間では速度が 1 秒たりとも一定ではなく、刻々と変化していることである。だから、この困難を克服するアイデアが必要となるのである。といってもアイデア自体はすごく単純なものだ。移動時間を計算するための幅を微小にして、その間は速度が一定値だと仮定して、おおまかな移動時間の概算をするだけのことなのである。

まず、海面に座標を取って、深さ x の場所の座標を x とおくことにしよう。次に区間 $a \leq x \leq b$ を適当に n 個の小区間に分割する。これは別に等分である必要はなく幅はまちまちでよい。区切り目にあたる $n+1$ 個の数を $a = x_0 < x_1 < x_2 < \cdots < x_{n-1} < x_n = b$ と記すことにする。

次に、n 個の微小区間 $x_0 \leq x \leq x_1$、$x_1 \leq x \leq x_2$、$\cdots$、$x_{n-1} \leq x \leq x_n$ のそれぞれの区間内で波の進む速度が一定である仮定してみる。どの速度にするのが自然だろうか。例えば、$x_0 \leq x \leq x_1$ では、速度は $\sqrt{x_0}$ から $\sqrt{x_1}$ まで連続的に一様に速くなるわけであるから、その平均 $\frac{1}{2}(\sqrt{x_0} + \sqrt{x_1})$ としておくのが最も自然な発想であろう。同様にして、各区間での一定速度を、$\frac{1}{2}(\sqrt{x_1} + \sqrt{x_2})$、$\frac{1}{2}(\sqrt{x_2} + \sqrt{x_3})$、$\cdots$、$\frac{1}{2}(\sqrt{x_{n-1}} + \sqrt{x_n})$ とする。

このとき、この仮の速度で各小区間を進んだ場合にかかる時間は

$$(x_i - x_{i-1}) \div \frac{1}{2}(\sqrt{x_{i-1}} + \sqrt{x_i}) = \frac{2(x_i - x_{i-1})}{\sqrt{x_i} + \sqrt{x_{i-1}}} = 2(\sqrt{x_i} - \sqrt{x_{i-1}})$$

であるから、かかる時間の（仮の）総和は

$$2(\sqrt{x_1}-\sqrt{x_0})+2(\sqrt{x_2}-\sqrt{x_1})+2(\sqrt{x_3}-\sqrt{x_2})+\cdots+2(\sqrt{x_n}-\sqrt{x_{n-1}})$$

となる。これは、真ん中の項が打ち消しあっていくから、うまい具合に最初と最後だけが残る形になっている（図2-2）。したがって結果は、

$$2(\sqrt{x_n}-\sqrt{x_0})=2(\sqrt{b}-\sqrt{a})$$

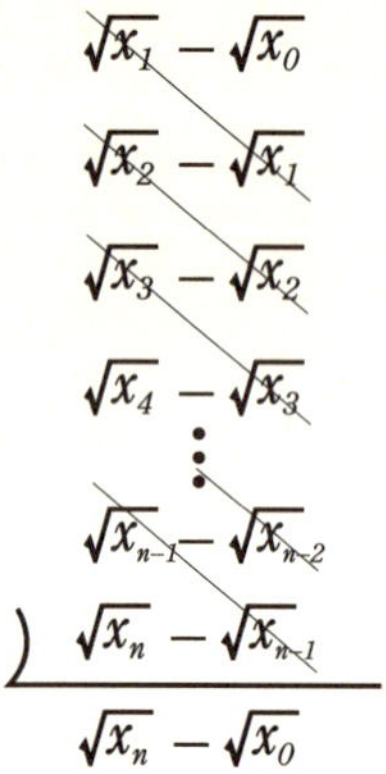

となる。これをよく観察してみると、この値は分割の点たち

$$x_0<x_1<x_2<\cdots<x_{n-1}<x_n$$

に依存しない定数であるから、分割を無限に細かくしていってもこのままの値であることがわかる。だから、連続的に速度が変化しても、かかる時間は $2(\sqrt{b}-\sqrt{a})$ のままと考えられるのである。これがつまり問題の解答、「波の移動時間」である。

```
 √x₁ − √x₀
 √x₂ − √x₁
 √x₃ − √x₂
 √x₄ − √x₃
    ⋮
√x_{n-1} − √x_{n-2}
) √x_n − √x_{n-1}
─────────────
 √x_n − √x₀
```

図2-2

この問題の解法に、これから学ぶことの秘密が隠されている。瞬間瞬間に変化し、ちょっとの間も一定でない値をどう集計するのか。この解法がそれを解く鍵になるのである。

リーマン和とは面積もどきである

ではいよいよ、関数 $y=f(x)$ と x 軸が挟む領域の面積を定義する作業に入ろう。

まず関数 $y=f(x)$ と区間 $a\leq x\leq b$ が与えられたとき、それに対して「リーマン和」というものを以下のようにして作る。聞きなれない名前だが、別に難しくないので、しり込みしないで読み進んで欲しい。

まず、区間 $a\leq x\leq b$ を適当に n 個の小区間に分割する。これは別に等分である必要はなく、幅はまちまちでよい。区切り目にあたる $n+1$ 個の数を

$$a=x_0<x_1<x_2<\cdots<x_{n-1}<x_n=b$$

と記すことにする。

次に、n 個の区間 $x_0\leq x\leq x_1$, $x_1\leq x\leq x_2$, $\cdots$, $x_{n-1}\leq x\leq x_n$ の中から適当に1つの数をそれぞれ選び出し、それらを「区間を代表する数」とし

て p_1, p_2, …, p_n と記す。この区切り目と代表数を合わせて、「細分」という名前をつけることにしよう。

この n 個の区間たちと、その中の代表数たちに対して、次のような n 個の長方形を作る。

第 1 長方形は、x 軸上の $x_0 \leq x \leq x_1$ に横向きの辺をもち、もう 1 つの横向きの辺は y 座標が $f(p_1)$ のところにある。

第 2 長方形は、x 軸上の $x_1 \leq x \leq x_2$ に横向きの辺をもち、もう 1 つの横向きの辺は y 座標が $f(p_2)$ のところにある。

以下第 n 長方形まで同様である（図 2-3）。

こうして作った n 個の長方形の面積の合計を「リーマン和」という。$f(p_1)$ などがマイナスのときは、長方形の面積はマイナスで勘定する。つまり、長方形の面積を「符号つき」の量で定義するのである。

リーマン和を S と書くと、

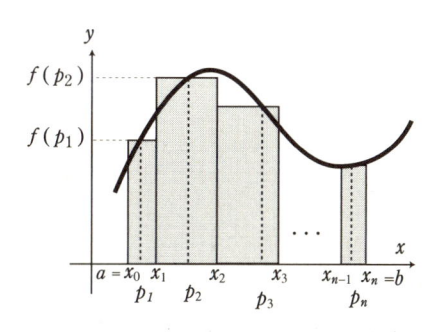

図 2-3

$$S = f(p_1)(x_1 - x_0) + f(p_2)(x_2 - x_1) + \cdots + f(p_{n-1})(x_{n-1} - x_{n-2}) + f(p_n)(x_n - x_{n-1})$$

となる。これは、式だけ見るといかついが、なんのことはない、「底辺×高さ」という長方形の面積を並べて加え合わせたにすぎない。つまり、「リーマン和」というのは、定義したい「曲線が囲む面積」を、その領域に長方形の板を並べて、板の総面積で代用しようという魂胆なのである。これはあくまで、「曲線が囲む面積」の「近似値」にすぎないが、板の幅を細くしていけば、曲線が囲む領域の実態ににじりよっていくことは、誰にでも想像できる。したがって、板の幅を細くしたときに総面積が近づく「極限値」を「曲線が囲む面積」と定義することに、誰も異論はないであろう。

しかし、この際に、2つの困難が待ち受けている。1つは、「本当に一定の値に近づくのか」ということ、もう1つは、「板を細くする方法を別のものに変更しても、やはり同じ数値に近づくのか」ということである。これを保証するのが、次のリーマンの定理である。

> **[リーマン積分の基本定理]**
> 細分 K の長方形の幅の中で最大のものを η とする。関数 $f(x)$ が、区間 $a \leq x \leq b$ で連続ならば、その細分 K によるリーマン和 S は、η を 0 に近づけていくと、必ず一定数に収束する。しかもそれは、細分の作り方によらず、同一数となる。

この証明を1点の曇りもなくやろうとすると、かなり煩雑である。こういう細かさ・厳密さをこよなく愛するのが数学者であって、多くの人にはありがたみがない。したがって、本書ではこの証明は放り出して、定理の結果だけを受け入れて先を急ぐことにしたい。

青空ゼミナール

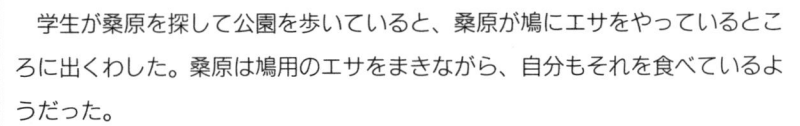

厳密ってどういうこと？

学生が桑原を探して公園を歩いていると、桑原が鳩にエサをやっているところに出くわした。桑原は鳩用のエサをまきながら、自分もそれを食べているようだった。

学生「桑原さん、探してたんですよ」

桑原「ほほう。また困ったことでもできたかな」

学生「実は、大学で数学を講義してくれている先生が、こんなことをいうのです。

『なるべく厳密性を重んじたいので、実数の公理から出発して公理論的に微分積分を展開する』

そんでもって、デデキントの切断がどうしただとか、ワイエルシュトラスがどうした、だとか、さっぱりわけのわからないことをゴチャゴチャ

とやっているんです」

桑原「それは災難じゃのう。まあ、その先生の気持ちもわからんわけじゃないが、そういう講義はごく一部の学生のためを除いては、百害あって一利なしじゃろう」

学生「そうなんですかぁ？　桑原さんは、その先生の気持ちがおわかりになるんですか？　ぼくには講義が退屈で退屈で仕方ないんですけどね」

桑原「まあな。例えば微積分の場合、『平均値の定理』が多用される。その『平均値の定理』を導くには『ロルの定理』が必要である。『ロルの定理』には、『区間における最大値の存在定理』が必要になる。そいつの証明のためには、『中間値の定理』というのを準備しなければならない。ほんでもって、『中間値の定理』を示すには、実数の公理である『デデキントの公理』から出発する。こんな風に、数学者が証明のあいまいさを解消しようと、その前提根拠をさかのぼっていくと、わけのわからないくらい遠くまで戻ってしまうというわけなんじゃ」

学生「そうですそうです。講義はそんな感じに組みあげられています。しかし、ぼくたちにまでそんな厳密性が必要なんでしょうか」

桑原「いやいや、待ちたまえ。実はな、この組みあげ方はある意味では、ちっとも厳密性なんかと関係ないことがその後の研究でわかったのじゃよ」

学生「えええ？　厳密性と関係ないんですかぁ？」

桑原「先生が『厳密』だといっているのは、より一般的な原理からその特殊化として、次々と定理を得ていくことじゃろ？　例をあげるなら、初等幾何で『平行線の公理』から出発して、『三角形の内角の和が180度』とか『合同条件』とかを証明していくステップみたいなものじゃよな。ところが微積分の公理系の場合には、その後の研究で、『デデキントの公理』から『平均値の定理』を示すことが『より基本的一般的命題から特殊な命題を導く』という形式になっているわけじゃないことがわかったのじゃ」

学生「それはどういうことですか？」

桑原「実は、逆に『平均値の定理』から『デデキントの公理』を証明できるのじゃ。したがって、さっきの証明の列は尻尾と頭がくっついて、ぐるっ

と輪を描いてしまうことになる」

学生「それは『循環論法』っていうんじゃないですか？ 中学の幾何の時に習った気がします。『循環論法』では正しい証明にはならないって」

桑原「ある意味ではそういうことじゃな。A から B を証明し、B から C を証明する。そして C から A を証明すると、3 つの命題 A、B、C は同値になってしまう。これは A さんの無罪を B さんが証言し、B さんの無罪を C さんが証言する。そして、その C さんの無罪を A さんが証言する、こんな構造と似ているのじゃ」

学生「それじゃ、3 人ともグルかもしれませんね」

桑原「その通り。すべてが正しいか、すべてが間違っているか、いずれかとなる。しかし、この場合、わたしがいいたいのは、それではなくて、A、B、C に循環の輪ができているときは、どれが大本で、どれが導出される、という親分子分の分け隔てはない、ということなんじゃ」

学生「なるほど。ということは、『デデキントの公理』から出発しても、『平均値の定理』から出発しても、厳密ということはいえない、ということなんですね」

桑原「そればかりではないぞ。微積分の定理のなかではかなり後に出てくる『リーマン積分の基本定理』も『デデキントの公理』と同値であることも証明されているんじゃ。つまり、『連続関数のリーマン和が一定の収束値をもつ』ことを基本原理に据えれば、『中間値の定理』も『平均値の定理』も『最大値の原理』もみんな導出されてしまう」

学生「え！ それじゃ、定理を積みあげているようにみえて、ぜんぜん深まっているわけじゃないんですね。同値な定理たちをただぐるぐると循環しているだけなんですね。つまり、到着点にみえる『リーマン積分の基本定理』を、はなっから大本の原理として採用してもなんら遜色がないというわけですか？」

桑原「『厳密性』という観点ではそうじゃ。どっから出発しても、とりわけ厳密ということはないし、またとりわけ易しいということもない。ま、しかし、それぞれの定理・法則はそれぞれに使い勝手が違う。特性が違う。だから、それらをすべてそれぞれに学び、理解することは意義のあ

学生「でも、わざわざ実数の公理からはじめる必然性はないわけですよねぇ。しつこいようですけど」

桑原「そういうことじゃ。教育目的によっては不要なことじゃろう。前にも話に出てきたことのあるファインマンという物理学者が、こんなことをいっている。『公理的な積みあげに関心をもったのは、ギリシャ人独特の感性であり、バビロニアでは、ほとんど同じ幾何法則を知っていたが、それを公理系として組みあげることに関心がなかった。物理学者の感性はどちらかというとバビロニア人に近い』、と」

学生「なるほど、数学者のように、数や図形そのものに関心をもつ人たちと、物理学者や経済学者のように、実際の物質現象や社会現象に興味をもつ人たちとでは、数学法則についての捉え方に温度差がある、ということなんですね」

さて、関数 $f(x)$ の区間 $a\leq x\leq b$ におけるリーマン和の収束する極限を「リーマン積分」といって、

$$\int_a^b f(x)\,\mathrm{d}x$$

という記号で書く。これは、リーマン和

$$\sum_{i=1}^n f(p_i)(x_i-x_{i-1})$$

に、「理想的状態」を表すものとして、丸みを出したものである。

$\sum_{i=1}^n$ を $\int_a^b$ に、$(x_i-x_{i-1})=\varDelta x$ を $\mathrm{d}x$ に書き換えて、「理想状態」の気分を出したわけである（図2-4）。

したがって、リーマン積分の記号を、なにか意味不明の呪文のように眺めるのではなく、具体的な意味をもっ

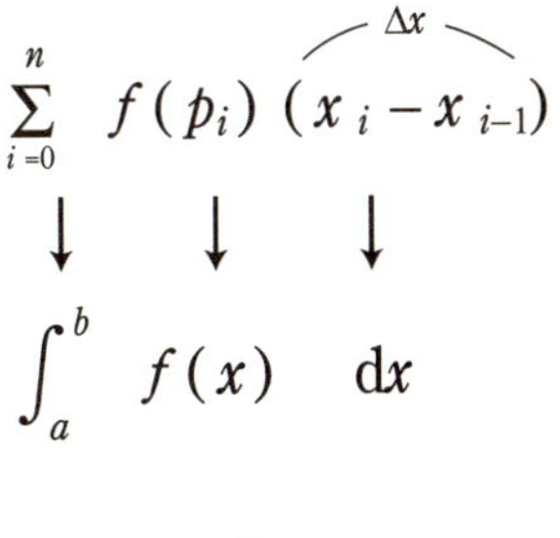

$$\sum_{i=0}^n \quad f(p_i) \quad \overbrace{(x_i-x_{i-1})}^{\varDelta x}$$
$$\downarrow \qquad \downarrow \qquad \downarrow$$
$$\int_a^b \quad f(x) \quad \mathrm{d}x$$

図2-4

たものとして認識するようになりたいものである。$\int_a^b f(x)\,dx$ は、幅 dx で高さ $f(x)$ の微小長方形の面積を $\int$ 記号で命じられて、「無限に集計」することを表すのである。

このように定義されたリーマン積分を「曲線と x 軸の囲む面積」と定義しよう。「リーマン積分の基本定理」は、関数のグラフが作る図形の面積を定義すると同時に、それが連続関数についてなら存在することを保証し、その計算方法を与える。しかも、違うやり方で集計しても結果が一致することも保証してくれるすごい定理なのである。

ところで、次のことをコメントしておかねばならない。

リーマン積分で計算されるものが、「曲線と x 軸の囲む面積」である、といったが、実は正確にいうと「符号つき面積」である。$f(x)$ が負の値の場合は、リーマン和 $\sum_{i=1}^{n} f(p_i)(x_i - x_{i-1})$ は、負になる。これは従来の面積にマイナスの符号をつけたものになる。したがって、$f(x)$ が正負混合になると、リーマン和は正負が相殺してしまう（図 2-5）。

このようにリーマン積分が「符号つき面積」であることは、便利なことも不便なこともあるのだが、感覚的に押さえておくことは大切である。

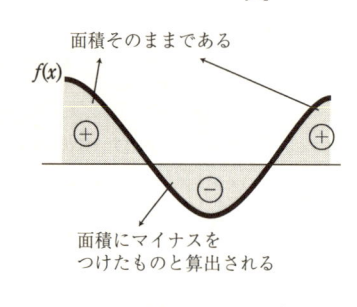

図 2-5

リーマン和を具体的に計算してみよう

リーマン積分の定義をして、その基本定理を紹介したが、話が抽象的だったので、まだその実像がつかめていない読者も多いことであろう。そこで、リーマン積分をリーマン和の極限から具体的に計算する例をお見せしよう。

（例 2） $f(x) = 2x$ の区間 $0 \leq x \leq b$ におけるリーマン積分を求めよ。

区間 $0 \leq x \leq b$ を n 等分にし、代表点を各小区間の右端に決める。

$$x_0=0, \ x_1=\frac{b}{n}, \ x_2=\frac{2b}{n}, \cdots, x_{n-1}=\frac{(n-1)b}{n}, \ x_n=\frac{nb}{n}$$

$$p_1=\frac{b}{n}, \ p_2=\frac{2b}{n}, \cdots, p_{n-1}=\frac{(n-1)b}{n}, \ p_n=\frac{nb}{n}$$

したがってリーマン和は、

$$S = f(p_1)(x_1-x_0) + f(p_2)(x_2-x_1) + \cdots + f(p_{n-1})(x_{n-1}-x_{n-2})$$
$$+ f(p_n)(x_n-x_{n-1})$$

$$= 2\frac{b}{n}\frac{b}{n} + 2\frac{2b}{n}\frac{b}{n} + \cdots + 2\frac{(n-1)b}{n}\frac{b}{n} + 2\frac{nb}{n}\frac{b}{n}$$

$$= \frac{2b^2}{n^2}(1+2+3+\cdots+(n-1)+n)$$

となる。カッコ内は有名な数列和の公式があるので、それを利用して

$$S = \frac{2b^2}{n^2}\frac{n(n+1)}{2} = b^2\left(1+\frac{1}{n}\right) \xrightarrow{n\to\infty} b^2(1+0) = b^2$$

と細分の最大幅を小さくするために n を∞に近づけると、極限は b^2 になる。つまりリーマン積分の結果は、b^2 になるわけだ。これを記号で書くと、

$$\int_0^b 2x\,\mathrm{d}x = b^2$$

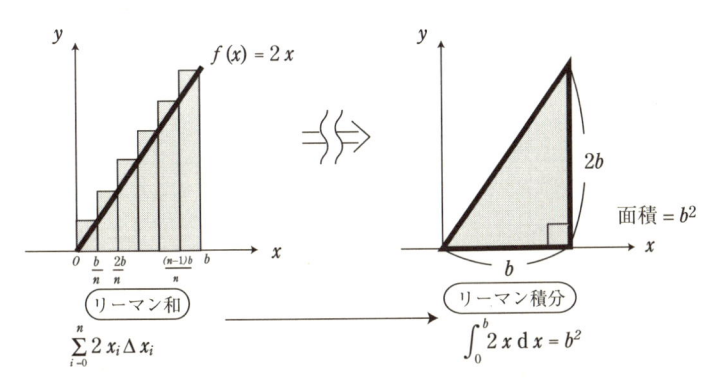

図 2-6

と表現される。

　ところで、$f(x)=2x$ と区間 $0 \leq x \leq b$ が囲む図形は、底辺が b、高さが $2b$ の三角形だから、その面積は b^2 である。これは、リーマン積分の結果が、われわれが周知の「三角形の面積公式」と同じであることを示している。してみると、確かにリーマン積分は我々のイメージの中の面積を表していることが具体的な 1 つの例によって実証的に確認できたことになる（図 2-6）。

[練習問題 13] $f(x)=x^2$ の区間 $0 \leq x \leq b$ におけるリーマン積分を、以下の総和公式を利用して計算せよ。

$$1^2+2^2+3^2+\cdots+(n-1)^2+n^2=\frac{1}{6}n(n+1)(2n+1)$$

　例 2 と練習問題 13 の 2 つの計算例を見るとわかるが、これらの積分が具体的に計算できたのは、数列和の公式のおかげである。それでは、このような便利な数列和の公式がなければ、積分計算は不可能なのだろうか。もしそうならば、積分というのは非常に貧しい理論になり、数学の中で市民権を得ることはなかったに違いない。しかし実は、このような数列和の公式なしでも、積分計算は可能なのである。だからこそ、積分理論は数学の中で市民権を得ることができた。その驚くべき定理は次の項で解説しよう。

積分の計算公式

　驚くべき定理を紹介する前に、積分の公式について多少まとめておきたい。これらの公式は、みなリーマン和に立ちかえってみれば非常にあたりまえのものばかりである。

　まず、積分区間の反転の公式を与えよう。

　いままでリーマン積分 $\int_a^b f(x)\mathrm{d}x$ を計算するとき、a よりも b が大きいとしてきた。リーマン和の細分を x の小さい方から大きい方に向かって作ったからである。しかし、便宜のために、大小を逆にした積分も定義

しておきたい。符号を逆にするのが自然である。

［区間反転の公式］

$$\int_b^a f(x)\,dx = -\int_a^b f(x)\,dx \qquad (2\text{-}1)$$

これは定義だと思ってもいいし、リーマン和を大きい b から小さい a まで逆向きに作るので、法則として符号が反対になる、と思ってもよい。

$b = x_0 > x_1 > \cdots > x_{n-1} > x_n = a$ と細分するので、リーマン和において、

$$S = f(p_1)(x_1 - x_0) + f(p_2)(x_2 - x_1) + \cdots + f(p_{n-1} - x_{n-2})$$
$$+ f(p_n)(x_n - x_{n-1})$$

は、幅の $x_i - x_{i-1}$ がすべてマイナスになるのである。したがって、極限としてのリーマン積分は反対の符号となる。

［区間接合の公式］

$$\int_a^b f(x)\,dx + \int_b^c f(x)\,dx = \int_a^c f(x)\,dx \qquad (2\text{-}2)$$

これは単に、同じ関数の積分は区間をつないでいい、という公式である。このことは、(a から b までのリーマン和) + (b から c までのリーマン和) が、(a から c までのリーマン和) となるから当然である。

［積分の線形性の公式］

$$\int_a^b \{f(x) + g(x)\}\,dx = \int_a^b f(x)\,dx + \int_a^b g(x)\,dx$$
$$\int_a^b \alpha f(x)\,dx = \alpha \int_a^b f(x)\,dx \qquad (2\text{-}3)$$

第1の公式は、関数 $f(x)$ と $g(x)$ を足して作った新しい関数の積分が、

それぞれの関数の同じ区間での積分値を加えたものになることを示し、また第 2 の公式は、関数を α 倍して作った新しい関数の積分値が、もとの関数の同じ区間での積分値の α 倍であることを示している。つまり、和と積分を交換でき、定数倍と積分を交換できることを表しているわけである。

これらの成立は、リーマン和に戻して考えれば、ほとんど考えるまでもないだろう。それぞれの微小長方形の符号つき面積 $(f(x)+g(x))(x_i-x_{i-1})$ が、$f(x)(x_i-x_{i-1})+g(x)(x_i-x_{i-1})$ と 2 つの符号つき面積に分解される、ということにすぎない。

2.2. 積分が計算できる！

微積分学の基本定理は、人類の財産なのだ

リーマン積分が単に面積の定義を与えるだけで、具体的な数値の計算結果をほとんどの図形に対して出すことができなかったら、それは単なる机上の空論にすぎず、20 世紀に市民的な教養にまでなることはありえなかっただろう。しかし、リーマン積分にはみごとな計算法則が存在したのである。

これはリーマン（1826〜1866）が積分論を完成した 19 世紀のずっと以前からわかっていたことであった。これから述べる、偉大なる定理「微積分学の基本定理」は、17 世紀にニュートン（1642〜1727）とライプニッツ（1646〜1716）によって発見されていた。だから、「ニュートン・ライプニッツの定理」と呼ばれることもある。

そのアイデアは、すでに本章の最初の「波の問題」でやってあるが、別の具体的な積分の例で再現してみよう。

> **(例 3)** $\int_a^b \dfrac{1}{x^2}dx$ を計算せよ。（ただし、$0<a<b$ とする）

定義に沿って計算していってみよう。

まず区間 $a \leq x \leq b$ を n 個の小区間に分割し、区切り目にあたる $n+1$

個の数を $a=x_0<x_1<\cdots<x_{n-1}<x_n=b$ とする。

次に、n 個の区間 $x_0\leq x\leq x_1$, $x_1\leq x\leq x_2$, $\cdots$, $x_{n-1}\leq x\leq x_n$ の中から代表する数として p_1, p_2, $\cdots$, p_n を選ぶ。こうしてリーマン和を作るのだが、ここでは代表点は何でもいい。そこで思案の末、区間の両端の相乗平均にすることにする。実はこれが計算の秘訣になる。つまり、

$$p_i=\sqrt{x_{i-1}x_i}$$

とおく。$x_{i-1}=\sqrt{x_{i-1}^2}<\sqrt{x_{i-1}x_i}<\sqrt{x_i^2}=x_i$ から相乗平均は 2 数の間に必ず入る（相乗平均については 84 ページの「青空ゼミナール」参照）。

ではリーマン和を計算してみよう。

$$\begin{aligned}(\text{リーマン和})&=\sum_{i=1}^{n}\frac{1}{p_i^2}(x_i-x_{i-1})\\&=\frac{x_1-x_0}{\sqrt{x_0x_1}^2}+\frac{x_2-x_1}{\sqrt{x_1x_2}^2}+\cdots+\frac{x_n-x_{n-1}}{\sqrt{x_{n-1}x_n}^2}\\&=\left(\frac{1}{x_0}-\frac{1}{x_1}\right)+\left(\frac{1}{x_1}-\frac{1}{x_2}\right)+\cdots+\left(\frac{1}{x_{n-1}}-\frac{1}{x_n}\right)\end{aligned}$$

またまたうまいこと真ん中の数列が次々と相殺していって、中抜けが起こり、最初と最後の項だけが生き残るだけとなる。つまり、

$$(\text{リーマン和})=\frac{1}{x_0}-\frac{1}{x_n}=\frac{1}{a}-\frac{1}{b}$$

これは見るからに区間の分割の仕方とは関係ない。だから極限を取るまでもなく、積分はこの値になる。

$$\int_a^b\frac{1}{x^2}dx=\frac{1}{a}-\frac{1}{b}$$

これが求める積分値であるわけだ。

これは偶然なのであろうか。それとも一般化可能な必然なのであろうか。実は、後者である。そのことは次の例をよく観察すればわかる。

（例 4） $\int_a^b x^2 dx$ を計算せよ。

これは、一般化に通じる方法で計算することにする。

$f(x)=x^2$ に対して、そのリーマン積分を計算したいわけなのだが、いつものように、区間 $a \leq x \leq b$ を n 個の小区間に分割し、区切り目にあたる $n+1$ 個の数を $a=x_0<x_1<\cdots<x_{n-1}<x_n=b$ とする。

次に、n 個の区間 $x_0 \leq x \leq x_1$, $x_1 \leq x \leq x_2$、…、$x_{n-1} \leq x \leq x_n$ の中から代表する数として p_1、p_2、…、p_n を選ぶ。問題は、これらをどう選ぶかである。

ここで、唐突であるが、次のような関数 $g(x)$ を 1 つ探し出す。

$$g(x) を微分すると f(x) になる$$

すなわち、$g'(x)=f(x)=x^2$ である。

これは微分の練習をたくさんやっていれば、すぐに見つけることができる。例えば、$g(x)=\frac{1}{3}x^3$ が見つかる。実際 $g'(x)=\left(\frac{1}{3}x^3\right)'=\frac{1}{3}(3x^2)=x^2$ となる。

もちろん、ほかにも $\frac{1}{3}x^3+4$ やら $\frac{1}{3}x^3-\frac{5}{2}$ やらでもいいが、最も単純なものを選ぶことにする。なぜこんな関数を探すのかというと、それは「平均値の定理」を利用するためである。

$g(x)$ に「平均値の定理」を当てはめると、以下が得られる。

$$\frac{g(x_i)-g(x_{i-1})}{x_i-x_{i-1}}=g'(c) を満たす c が、x_{i-1} \leq c \leq x_i に存在する$$

この c を代表点 p_i として抜擢するわけである。すると各代表点 p_i について

$$\frac{g(x_i)-g(x_{i-1})}{x_i-x_{i-1}}=g'(p_i)=p_i^2$$

すなわち、

$$g(x_i)-g(x_{i-1})=p_i^2(x_i-x_{i-1}) \qquad ①$$

を満たすことになる。

この式を利用して、リーマン和 $\sum_{i=1}^{n} f(p_i)(x_i - x_{i-1})$ を計算してみよう。$\sum_{i=1}^{n} p_i^2 (x_i - x_{i-1})$ は、和の中身を①の左辺におき換えることができる。

$$\sum_{i=1}^{n} p_i^2 (x_i - x_{i-1}) = \sum_{i=1}^{n} \left\{ g(x_i) - g(x_{i-1}) \right\}$$

$$= (g(x_1) - g(x_0)) + (g(x_2) - g(x_1)) + \cdots + (g(x_n) - g(x_{n-1}))$$

ここでお待ちかねの「中抜け現象」が起きて、

$$\sum_{i=1}^{n} p_i^2 (x_i - x_{i-1}) = g(x_n) - g(x_0) = \frac{1}{3} x_n^3 - \frac{1}{3} x_0^3$$

$$= \frac{1}{3} b^3 - \frac{1}{3} a^3$$

とリーマン和が計算される。しかもこれは細分が跡形もなく消えているので、極限を取っても結果は変化しない。つまり、積分値そのものを表しているわけである。したがって、

$$\int_a^b x^2 dx = \frac{1}{3} b^3 - \frac{1}{3} a^3$$

とリーマン積分が求められる。この結果は、76ページの［練習問題13］の結果とも整合しており、それからも信憑性が高まるのである。

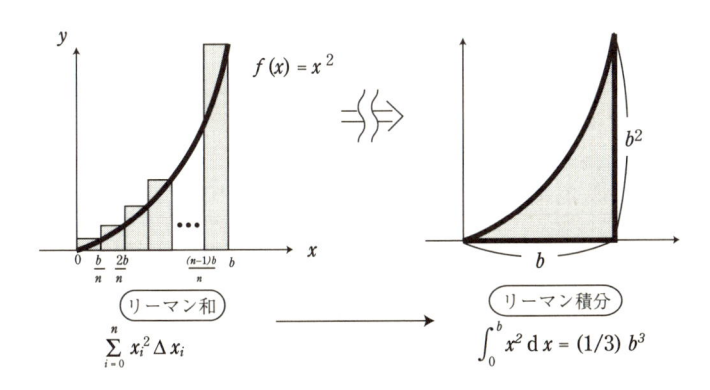

図 2-7

この計算では、全くといっていいほど関数の特殊性は利用していない。ということは、一般化が可能だということを意味する。まず結論を先に書いてしまおう。

積分、最初の定理

> **[微積分学の基本定理]**
>
> 関数 $f(x)$ に対して、$g'(x)=f(x)$ となる関数 $g(x)$ があれば、
>
> $$\int_a^b f(x)\,\mathrm{d}x = g(b)-g(a)$$
>
> となる。

これは、リーマン積分の計算を簡明にやってのけられるような技術的な方法を与える。あとでいくつか例をやるが、これは非常に使い勝手のいい定理である。

証明は、さっきの例でほとんどすんでいるといってよいが、重複をいとわず一応再現しておこう。

[証明]

リーマン和 $\sum_{i=1}^n f(p_i)(x_i-x_{i-1})$ に対して、代表点 p_i を

$$\frac{g(x_i)-g(x_{i-1})}{x_i-x_{i-1}}=f(p_i)$$

すなわち、

$$g(x_i)-g(x_{i-1})=f(p_i)(x_i-x_{i-1})$$

を満たすように選ぶ。このような p_i の存在は「平均値の定理」が保証している。すると、リーマン和は、

$$\sum_{i=1}^n f(p_i)(x_i-x_{i-1}) = \sum_{i=1}^n \{g(x_i)-g(x_{i-1})\}$$
$$=(g(x_1)-g(x_0))+(g(x_2)-g(x_1))\cdots+(g(x_n)-g(x_{n-1}))$$
$$=g(x_n)-g(x_0)=g(b)-g(a)$$

したがって、極限においても結果は同じであり、

$$\int_a^b f(x)\,\mathrm{d}x = g(b)-g(a)$$

となる。

　ここにきて、平均値の定理の意味が明瞭になる。平均値の定理は微分と積分をつなげる役割をしているのだ。

　この「微積分学の基本定理」は、おおざっぱにまとめると、「微分して積分すると、おおよそもとに戻る」ことを主張している。このことは定理の表現において $f(x)$ を $g'(x)$ に置き換えて

$$\int_a^b g'(x)\,dx = g(b) - g(a)$$

と書き直してみればわかる。つまり、「積分は微分の逆演算」として捉えられるわけである。

　この「微積分学の基本定理」によって、瞬間的な増減率を表す「微分」と、面積の定義である「積分」という全く別個の概念が結びついたことになる。

　そもそも「積分」の発想自体は、紀元前のアルキメデスにすでに萌芽しており、曲線図形の求積の代表的なものはアルキメデスがすませていた。それに対して「微分」の概念の発達は、17世紀のニュートン・ライプニッツまで待たねばならない。彼らの研究の対象になったのは、「運動」である。一様でない、あるいは直線的でない運動を解析するには、どうしても「瞬間の記述」が避けられないものとなった。そこで開発されたのが「微分」というわけである。

　このように、全く別の動機によって研究されてきた2つの概念が、突如として1つの関係に結びつけられることになる。こういうのが自然科学の醍醐味だといっても過言ではない。こんな知的冒険を体験すると、人類として生まれたことに思わず感謝したくなるというものだ。

　また「微積分学の基本定理」は、テクノロジーとしても優れたものである。微分演算に熟達すれば、それを逆用して図形の求積をすることができるわけである。この定理以前には、個別に、こなごなに分けて個別の面積の集積をカウントするしかなかった求積が、微分演算の逆演算としてオートマチックに計算できてしまうわけだから、これほど簡便な道具はないのである。

[練習問題14] 66ページの（例1）において計算した波の移動時間は、ある図形の面積、つまりある積分を計算していることになる。その積分を表記してみよ。

青空ゼミナール

相乗平均って何だ？

学生「桑原さん、このリーマン和の計算例のところで出てきた『相乗平均』というのが、いまひとつどういう平均なんだかわからないのですが」

桑原「まあ、きみたちは平均というと足して個数で割る、という相加平均しかなじみがないから、相乗平均の感覚がつかめんのも無理ないことじゃ。期末テストの平均点なんか出すのに使うのは、相加平均じゃからな」

学生「相乗平均というのは、何かで具体的に使われているのですか」

桑原「例えば、成長率なんかを考えてみよう。ある数値が2倍になって、そのあと18倍になったとする。そのとき、1回平均何倍になったかを考えてみるんじゃ。相加平均だと(2+18)÷2が10だから、10倍だと考えるわけじゃが、これはうまくない。なぜなら10倍ずつになると、2回で100倍になるが、実際は2×18で36倍じゃからな。そこで、『かけて平方根を取る』という相乗平均を考えてみる。すると36の平方根を取って6倍、ということになる。2回6倍が続くと、確かに36倍になる。つまり、相乗平均の方が成長率を平均するには適しているわけなんじゃ」

学生「なるほど、平均というのも、使う場面によって適切なものがそれぞれ違う、ということなんですね。平均ってこのほかにもあるんですか？」

桑原「うん、いろいろあるぞ。例えば、行きを時速2キロ、帰りを時速18キロで往復したときの、平均の速度を『調和平均』という。片道の距離をxキロとすると、往復距離の2xを往復時間の(x÷2)+(x÷18)で割ればいい。この調和平均は時速3.6キロとなるのじゃ。あるいは、2乗して足してから平方根を取る、なんていう2乗平均というものもあるわな」

学生「そうか、平均にいろんな種類があるとすると、使いようによってはうまいゴマカシに利用できますね。例えば、英語のテストが 90 点で数学のテストが 10 点だったときは、相加平均の 50 点を親に報告すれば、数学の惨憺(さんたん)たる点数をカモフラージュできます。また自分の点数が 10 点で弟の点数が 90 点だったときは、調和平均を取って『2 人の平均は 18 点だから、ぼくの点はそんなに悪いわけじゃないよ』っていいわけすればいいですね」(2/(1/10+1/90)=18)

桑原「きみはそういう悪知恵だけは、頭が働くようじゃな。わっはっは」

微積分学の基本定理の切れ味を試そう

では、この「微積分学の基本定理」を利用して、積分の計算をいくつかしてみよう。要は、微分すればその関数になってくれるような関数を求めることである。ちなみに、微分して $f(x)$ となる関数を $f(x)$ の「原始関数」という。

> **(例 5)** $\int_a^b x^3 \mathrm{d}x$ を計算せよ。

被積分関数の x^3 の原始関数を探せばよい。べき乗関数の微分公式によって $(x^4)' = 4x^3$ であるから、微分の線形性を使って、$\left(\frac{1}{4}x^4\right)' = \frac{1}{4}(x^4)' = x^3$ である。つまり、x^3 の原始関数は $\frac{1}{4}x^4$ ということになる。あとは、「微積分学の基本定理」を利用するだけである。

$$\int_a^b x^3 \mathrm{d}x = \left[\frac{1}{4}x^4\right]_{x=b} - \left[\frac{1}{4}x^4\right]_{x=a} = \frac{1}{4}b^4 - \frac{1}{4}a^4$$

> **(例 6)** $\int_4^9 \sqrt{x} \, \mathrm{d}x$ を計算せよ。

$\sqrt{x} = x^{\frac{1}{2}}$ であるから、べき乗関数の中から原始関数を探す。
$(x^{\frac{3}{2}})' = \frac{3}{2}x^{\frac{1}{2}}$ であるから、原始関数は $\frac{2}{3}x^{\frac{3}{2}}$ となる。したがって、

$$\int_4^9 \sqrt{x}\,dx = \left[\frac{2}{3}x^{\frac{3}{2}}\right]_{x=9} - \left[\frac{2}{3}x^{\frac{3}{2}}\right]_{x=4} = \frac{2}{3}(\sqrt{9}^3 - \sqrt{4}^3) = \frac{38}{3}$$

[練習問題15]

(1) $\int_a^b x^4 dx$ を計算せよ。　(2) $\int_1^2 \frac{1}{x^3} dx$ を計算せよ。

置換積分は、めもりを変えて測るだけのこと

　次に積分の公式で非常に重要な「置換積分」を解説しよう。

　この公式を暗記して試験のとき呪文のように唱えて使っている学生をよく見かけるが、この公式は覚える必要もないほど単純明快な公式である。積分とは何をしているか、をイメージとしてつかんでいればあたりまえのことのように理解できるのである。微分積分の急所をつかめているかどうかの踏み絵といっても過言ではない。本書をここまで丁寧に読み進んできて、その意図をくみとれていれば、この公式の意味そのものを鮮明に納得でき、本書を手にしたことを幸運だったと感謝してもらえる自信がある。そこで、すこし紙数をさいて解説することにする。

　以下の例題を使おう。

> **(例7)**　$I = \int_0^3 \left(\frac{1}{3}x + 1\right)^5 dx$ を計算せよ。

　もちろん、これは、$\left(\frac{1}{3}x+1\right)^5$ の原始関数を試行錯誤して探してもいいが、もう少し考えやすくできないものであろうか。よくよく眺めれば $\left(\frac{1}{3}x+1\right)^5$ は合成関数である。$\frac{1}{3}$ 倍して1を加える、という関数と、5乗する、という関数をつないだものである。2つの単純な関数をつないだから、複雑な関数になっているが、もとは簡単な関数である。ここが思案のしどころ。どうにかこの単純な関数の方に積分計算を押しつけられないものだろうか。

　実は可能なのである。リーマン和に戻してみればわかる。

[I のもととなるリーマン和]

$$= \sum \left(\frac{1}{3}p_i+1\right)^5 (x_i - x_{i-1}) = \sum_{0\sim 3 を細分} \left(\frac{1}{3}代表点+1\right)^5 \times 幅\ x$$

ここで、$\left(\frac{1}{3}代表点+1\right)$ というもの全体をひとまとまりの代表点とみなしてしまったらどうだろうか。そのためには、もとの座標 x を $\frac{1}{3}$ 倍に縮めて 1 を加えたような新しい座標を導入する必要がある。これを t として、t をめもりに使ってリーマン和を集計し直すわけだ。

ここで注意しなければならないのは、めもりを $\frac{1}{3}$ に縮めてしまったのだから、x で測った幅は t で測った幅の 3 倍になる、ということである。したがって、さきほどのリーマン和を t をめもりにして書き換えると、幅を 3 倍に変更しなければならない。また、x で区間 0～3 を細分してリーマン和を作るのは、t でいうと区間 0～3 を $\frac{1}{3}$ 倍して 1 を加えた区間 1～2 を細分することに相当する。

$$[I\ のもととなるリーマン和] = \sum_{1\sim 2 を細分} (代表点)^5 \times (幅\ t \times 3)$$

こうして、変数 t を基準に書き換えることができた。

気になる人のために、念のため数学的にきちんと記述すると、$t = \frac{1}{3}x + 1$ と変数変換して、$0 \leq x \leq 3 \to 1 \leq t \leq 2$、$\frac{1}{3}p_i + 1 = q_i$、$x_i = 3t_i - 3$ と置き換えて

$$\sum_{0\leq x\leq 3} \left(\frac{1}{3}p_i+1\right)^5 (x_i - x_{i-1}) = \sum_{1\leq t\leq 2} q_i^5 \{(3t_i-3)-(3t_{i-1}-3)\}$$
$$= \sum_{1\leq t\leq 2} q_i^5 (t_i - t_{i-1}) \times 3$$

となるわけである。

ここで出てきた新しい和は別のリーマン和を定義している。したがって、分割の幅を細かくしていくと、別の積分値を実現していく。それは

$$\int_1^2 t^5 dt \times 3$$

である。今までの経緯でわかるように、これは求めたい積分値 I を別計算したものにすぎないが、明らかに積分の形は非常に簡単になっていて便

利である。これが置換積分の原理である。

以上を「平行座標軸」で見てみよう（図 2-8）。

上が x でのリーマン和、下が t でのリーマン和である。各長方形の高さは同じだが、横幅は上が下の3倍である。したがって、下の表す積分値を3倍にすれば上の表す積分値になる。

以上のことを公式化すれば、置換積分の公式が得られる。

まず、求めたい積分 $\int_a^b f(x)\,\mathrm{d}x$ で $x=g(t)$ と変数変換する。

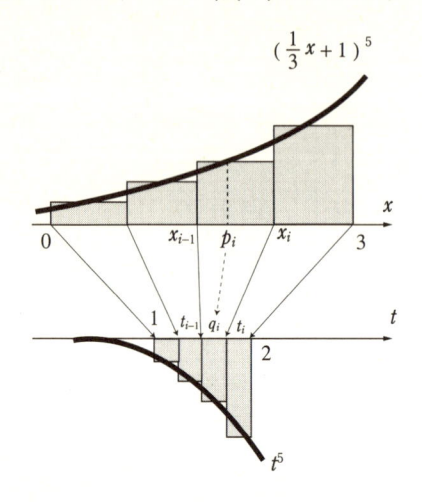

図 2-8

ここで、リーマン和に戻すと、$\sum_{a\leq x\leq b} f(p_i)\Delta x$ であるが、x を t に変換したとき、$a\to c$, $b\to d$, $p_i \to q_i$, $f(x) \to f(g(t))=h(t)$ となるとする。

重要なのは、幅 Δx の変更である。微分のところで解説したように、微分係数というのは、変数の増加分 Δ の拡大倍率を表している。そのことを $x=g(t)$ に対して表した式が、

$$\Delta x \sim g'(t)\Delta t$$

である。これが Δx と Δt の関係を表現している。これらを上のリーマン和に代入すると

$$\sum_{a\leq x\leq b} f(p_i)\Delta x \sim \sum_{c\leq t\leq d} h(t)\{g'(t)\Delta t\}$$

つまりリーマン和の主な変化は、変数変換の関数の導関数 $g'(t)$ が、幅の拡大率として出てくるところである。この細分を細かくしていって、積分値に近づけると、

[置換積分の公式]
$$\int_a^b f(x)\,\mathrm{d}x = \int_c^d f(g(t))\,g'(t)\,\mathrm{d}t \qquad (2\text{-}4)$$

となる。この公式をそのまま覚えようすると、謎の古代壁画文字よろしくさっぱり暗記できない。そうでなく、図 2-9 のように、意味の方面から理解するのが得策である。

$f(x)$ が $h(t)$ と簡単化されるように，x を $g(t)$ におきかえると

$$\int_a^b f(x)\,\mathrm{d}x \longrightarrow \int_{(x=a\text{のときの}t)}^{(x=b\text{のときの}t)} [\text{簡単な}\ h(t)\,]\,[\text{変換の導関数}\ g'(t)]\,\mathrm{d}t$$

図 2-9

(例 8)　$I = \int_0^1 x(x^2+1)^5 \mathrm{d}x$ を求めよ。

被積分関数を簡単化するために、$t = x^2+1$ と変換する。

積分区間は $1 \le t \le 2$ となり、幅については $\mathrm{d}t = 2x\mathrm{d}x$ から $\mathrm{d}x = \dfrac{1}{2x}\mathrm{d}t$ となる。

したがって、

$$I = \int_1^2 xt^5 \frac{1}{2x}\mathrm{d}t = \frac{1}{2}\int_1^2 t^5 \mathrm{d}t = \frac{21}{4}$$

[練習問題 16]　$I = \int_0^2 \dfrac{3x^2}{\sqrt{x^3+1}}\mathrm{d}x$ を $t = x^3+1$ と置換して、計算せよ。

2.3. オドロキの積分利用法

原始関数はどんな関数にも存在するのか

「微積分学の基本定理」とは、「ある関数の積分値を求めたいなら、微分してその関数になるような原始関数を見つければ、その関数値の引き算で求められる」というものであった。つまり、原始関数を具体的に見つけることができるのであれば、積分値を求めるのはひどく簡単になる。

では、逆の問題を考えてみよう。どんな関数にも原始関数は存在するのであろうか。例えば、微分すると $\dfrac{1}{\sqrt{1+\sqrt{x}}}$ のようなけったいな関数になる、そんな関数などちょっと想像がつかない。しかし、結論をいうなら、ちゃんと存在するのである。どういうものかというと、だましうちのようだが、「積分によって作り出す」のである。

例えば、微分して $f(x)$ になる関数 $h(x)$ は次のように作ればいい。

［原始関数の存在定理］

$h(x) = \displaystyle\int_0^x f(t)\,\mathrm{d}t$ とすると、$h'(x) = f(x)$ となる。　　　(2-5)

これは、関数 f と x 軸の囲む 0 から x までの面積を $h(x)$ と定義しているわけだ（0 は例として選んだだけで定数なら何でもいい）。関数 f のグラフの中で、0 から x までの面積というのは、x を変化させると変化するから当然 x の関数となる。どういうわけか、これを微分すれば $f(x)$ になる、というのである。

もしも、$f(x)$ が具体的に記述できる形で原始関数 $g(x)$ を持っているなら、「微積分学の基本定理」によって、$h(x) = \displaystyle\int_0^x f(t)\,\mathrm{d}t = g(x) - g(0)$ となる。これを微分すれば、$h'(x) = \{g(x) - g(0)\}' = g'(x) = f(x)$ となって（2-5）が成立する。

一般の場合にこれを示すには、定義通りに、

$$\frac{h(x+\varepsilon)-h(x)}{\varepsilon}=\frac{1}{\varepsilon}\Bigl(h(x+\varepsilon)-h(x)\Bigr)$$

の ε を 0 に近づけたときの極限を求めればいい。

$$\frac{1}{\varepsilon}\Bigl(h(x+\varepsilon)-h(x)\Bigr)=\frac{1}{\varepsilon}\left\{\int_0^{x+\varepsilon}f(t)\,dt-\int_0^x f(t)\,dx\right\}$$
$$=\frac{1}{\varepsilon}\int_x^{x+\varepsilon}f(t)\,dt \qquad ①$$

であるが、最後の積分の部分は、図 2-10 の食パンのような形の面積である。この面積を横の長さ ε で割ったものの極限を求めるのだが、これは食パンの面積を長方形にな̇ら̇し̇て、その高さを求めたものと同じであるから、図のように、最大の高さ M の長方形と最小の高さ m の長方形で挟んでおけば、上の式の値は m 以上 M 以下であることはすぐわかる。

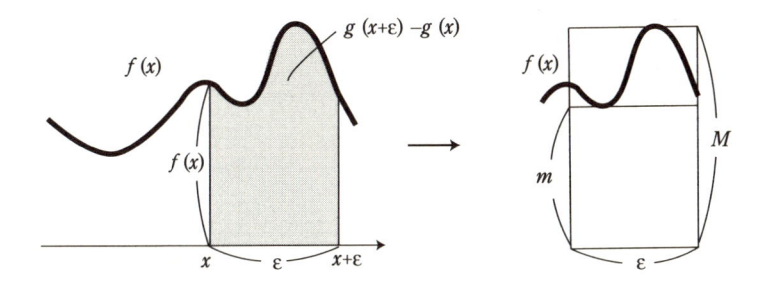

図 2-10

ところで、ε を 0 に近づけていくと、M も m もどちらも $f(x)$ に近づいていくのだから、①の極限、つまり $h'(x)$ が $f(x)$ とわかる。あっけないがこれによって証明されることとなった。

積分は原始関数の差となる、というのは、「微分した関数を積分するともとに戻る」ことを意味していた。それに対して、この定理は、「積分して微分するともとに戻る」ことを表している。つまり、微分と積分とは完全に逆演算なわけである。微分という「瞬間の勾配」を求める技術と、積分という「面積の定義と計算」という全く別個の発想のものが、実はものごとの表と裏になっていたというのは、驚くべきことである。これを発見したニュートンとライプニッツも、神の御心(みこころ)に触れた心地(ここち)であったことだ

ろう。

積分を利用して、新しい関数を創造する

　原始関数を作り出す方法の応用を 1 つだけやっておこう。

　ここは他に比べてかなりテクニカルなので、抽象的なことにアレルギーをもつ読者はこの項を飛ばした方がよいと思う。もちろん、こういうところに数学の醍醐味があるので、怖がらずに読んでくれる方が嬉しいのではあるが。

$\frac{1}{3}x^3 \xrightarrow{微分} x^2$

$\frac{1}{2}x^2 \longrightarrow x^1$

$x \longrightarrow 1 = x^0$

$? \longrightarrow \frac{1}{x} = x^{-1}$

$-\frac{1}{x} \longrightarrow \frac{1}{x^2} = x^{-2}$

$-\frac{1}{2}\frac{1}{x^2} \longrightarrow \frac{1}{x^3} = x^{-3}$

図2-11

　まず、図 2-11 を見てもらおう。表の中で不思議なことに、微分して $\frac{1}{x}(=x^{-1})$ となるものが抜けている。これは、そもそも x^α というタイプの関数では不可能なのだ。なぜなら、$\{x^\alpha\}' = \alpha x^{\alpha-1}$ であるから、$\alpha - 1 = -1$ となるには、$\alpha = 0$ でなければならず、そうすると、$\{x^0\}' = 0x^{0-1} = 0$ となってうまくないからである。

　では、「微分して $\frac{1}{x} = (x^{-1})$ になる関数」などあるのだろうか。ここで、うろたえてしまう人は、前節をよく理解できていないのでもう 1 回読み直して欲しい。

　そう。そういう関数は、積分によって作り出せるのである。答えを得るにはこうすればいい。

$0 < x$ なる x に対して、

$$L(x) = \int_1^x \frac{1}{t} dt$$

と定義する (図2-12)。こう定義すれば、前項の定理から、$L'(x) = \frac{1}{x}$ となる。これが求める関数である。幽霊の正体見たりとはこのことだが、しかし、このままではどんな関数かわからず、幽霊と大差ないので、もう少し詳しく関

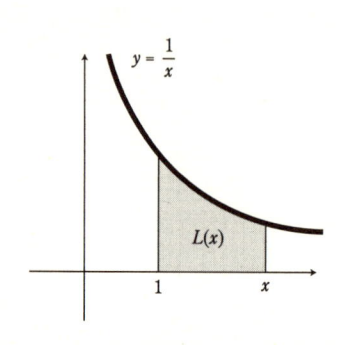

図2-12

数の性質を調べてみよう。
　いままで勉強してきた積分および微分の諸法則を駆使することになる。
　まず、第 1 の性質は、いま述べたものである。

$$(性質\ 1)\quad L'(x) = \frac{1}{x}$$

　これによって、$x>0$ より導関数が正であるから増加関数とわかり、しかも、積分がグラフの面積であること（図 2-13）を踏まえると、

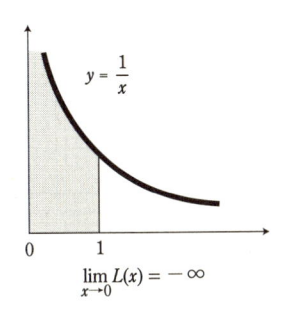

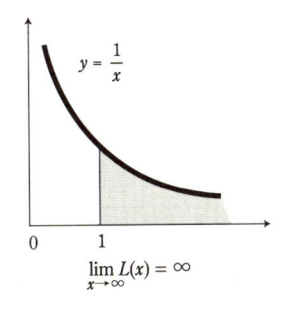

図 2-13

$$(性質\ 2)\quad L(x) は増加関数であり、$$
$$L(x) \xrightarrow{x \to \infty} \infty,\ L(x) \xrightarrow{x \to 0} -\infty$$

　また積分範囲が 1 からであることから、$x=1$ を代入すると、1 から 1 までの積分になり、積分値は 0 となる。

$$(性質\ 3)\quad L(1) = 0$$

　次が最も重要な性質である。

$$(性質\ 4)\quad L(p) + L(q) = L(pq)$$

　これは、2 つの関数値の和が、積の関数値になることを意味している。

とてもではないが、積分による定義だけでこんなことが導かれる気がしない。ところが、巧妙な計算で導くことができる。定義により

$$L(p) + L(q) = \int_1^p \frac{1}{t}dt + \int_1^q \frac{1}{t}dt$$

であるが、右辺の第2項の積分を置換積分する。変数の変換は、$s=pt$ である。このとき、置換は以下のように行われる。

$$1 \to p, \quad q \to pq, \quad \frac{1}{t} \to \frac{p}{s}, \quad dt = \frac{1}{p}ds$$

これを代入すれば、

$$\int_1^q \frac{1}{t}dt = \int_p^{pq} \frac{p}{s}\left(\frac{1}{p}ds\right) = \int_p^{pq} \frac{1}{s}ds$$

ここで、積分のための変数は本質的にどんな記号でも同じなので（グラフを表現しているにすぎないから）、今 s にしているものを再び t に取り替え、もとの式に代入する。

$$\int_1^p \frac{1}{t}dt + \int_1^q \frac{1}{t}dt = \int_1^p \frac{1}{t}dt + \int_p^{pq} \frac{1}{t}dt = \int_1^{pq} \frac{1}{t}dt = L(pq)$$

これで（性質4）が証明された。

これで、$L(x)$ の性質はおおよそつかまえたといっていい。しかし、この関数の正体がすでに知っているナニカであるとわかるには、$L(x)$ そのものではなく、その逆関数を分析する方が好都合である。そこで、

$$y = L(x) \text{ の逆関数を } x = E(y)$$

とおく。逆関数とは、x から y の方向に眺めていたグラフを、y から x の方向に逆に眺めるだけである（図2-14）。

したがって、$L(x)$ の4つの性質は、すぐに $E(y)$ に移植できる。まず性質2と性質3を移植してみよう。

（性質5）$E(y)$ は増加関数で、

$$E(y) \xrightarrow{y \to \infty} \infty, \quad E(y) \xrightarrow{y \to -\infty} 0$$

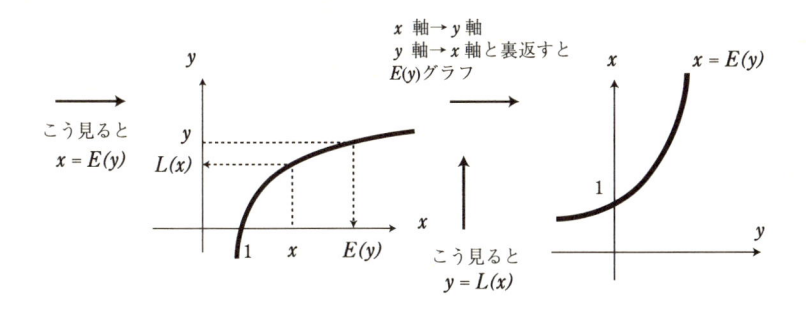

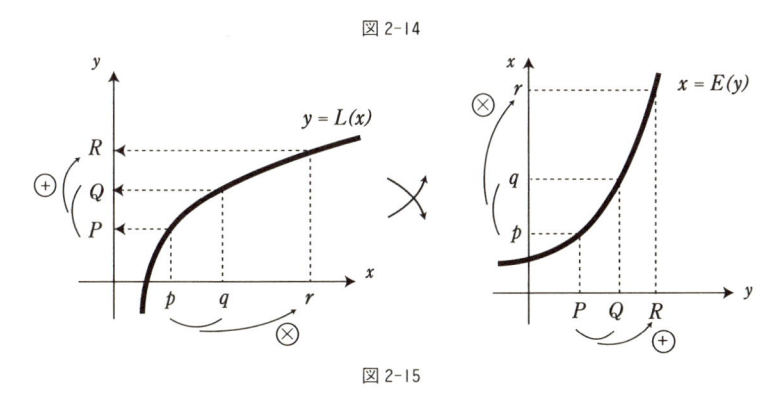

第2章◎積分とはこういうことだったのか　95

図2-14

図2-15

(性質6)　$E(0) = 1$

性質4の移植も図を使って考えれば難しくはない。

$$P = L(p), \quad Q = L(q), \quad R = L(r)$$

とおいて、図2-15を見て欲しい。$L(p) + L(q) = L(pq)$は、「$p \times q = r$のとき、$P + Q = R$」であることを表している。これを逆に眺めれば、「$P + Q = R$のとき、$p \times q = r$」であるから、$E(P) \times E(Q) = E(R)$、すなわち

(性質7)　$E(P) \times E(Q) = E(P + Q)$

最後に、導関数に関する性質1もグラフを使ってうまく移植できる。

$y=L(x)$ の微分係数 $\dfrac{dy}{dx}$ は、要するに x の微小増分と y の微小増分の比 $\dfrac{\Delta y}{\Delta x}$ の極限であるから、グラフを y の側から見れば、$\dfrac{\Delta x}{\Delta y}$ の極限である $x=E(y)$ の微分係数は $y=L(x)$ の微分係数 $\dfrac{dy}{dx}$ の逆数であるとわかる。

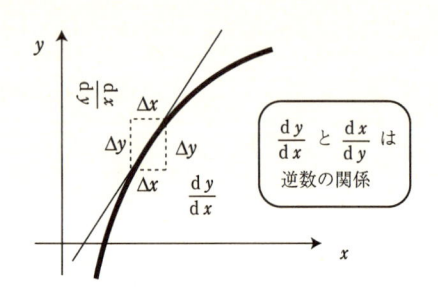

図 2-16

したがって、$\dfrac{dy}{dx}=\dfrac{1}{x}$ から $\dfrac{dx}{dy}=x$ とわかり、$\dfrac{dx}{dy}=E'(y)$ と $x=E(y)$ を両辺に代入すれば

(性質 8) $E'(y)=E(y)$

が得られる。つまり、$E(y)$ は、微分しても自分自身のままである、という特異な関数なのである。

さて、$E(1)$ を e という単純な文字でおくことにすると、性質 7 から、

$E(2)=E(1+1)=E(1)E(1)=ee=e^2$
$E(3)=E(2+1)=E(2)E(1)=e^2 e=e^3$
$E(4)=E(3+1)=E(3)E(1)=e^3 e=e^4$

以下同様に、

(性質 9) 自然数 n について、$E(n)=e^n$

とわかる。長い道のりだったが、$y=\dfrac{1}{x}$ のグラフの面積から定義した $y=L(x)$ の逆関数 $x=E(y)$ は、指数関数 e^y であることが判明したわけであ

る。ただし、指数のもとになる e というのは、今のところ、$\int_1^e \frac{1}{x} dx = 1$ ということしかわからず、野のものとも山のものとも知れない数である。がしかし、これは、

$$\{e^x\}' = e^x$$

という、微分しても不変であるような非常に特殊な指数関数で、exponential と名づけられている。e^x は $\exp x$ とも書く。e は、発見者にちなんでオイラー数と呼ばれ、その値は $2.718\cdots$ (無理数) である。

逆関数の方の $L(x)$ は、$\log_e x$ とか $\log x$ と書き、自然対数関数という。性質1より当然、

$$\{\log x\}' = \frac{1}{x}$$

となる。これが、当初探し求めていた関数である。

[指数関数と対数関数の微分公式]

$$\{e^x\}' = e^x$$

$$\{\log x\}' = \frac{1}{x}$$

このように、ある性質を持つ関数を見つけたいとき、積分を用いて定義する、というのは現代数学でよくやる手口なのである。

[練習問題17]
(1) $f(x) = e^{2x}$ の導関数を求めよ。
(2) $\int_0^1 e^{2x} dx$ を求めよ。

部分積分を使って、関数を拡張しよう

置換積分の次に重要な積分の公式として、部分積分というものがある。

これは、ある種の関数の積分計算を簡便にする公式である。原理はとても簡単で、積の微分公式の逆利用なのである。

まず、39ページで解説した積の微分公式を思い出そう。

$$\{f(x)g(x)\}' = f'(x)g(x) + f(x)g'(x) \qquad (1\text{-}6)$$

であった。これは、$f'(x)g(x) + f(x)g'(x)$ の原始関数が $f(x)g(x)$ であることを意味している。したがって、微積分学の基本定理を利用すれば、

$$\int_a^b \{f'(x)g(x) + f(x)g'(x)\} dx$$
$$= [f(x)g(x)]_{x=b} - [f(x)g(x)]_{x=a}$$
$$= f(b)g(b) - f(a)g(a)$$

となる。左辺を2つの積分に分ければ公式のできあがりである。

［部分積分の公式］

$$\int_a^b f'(x)g(x)dx + \int_a^b f(x)g'(x)dx = f(b)g(b) - f(a)g(a) \qquad (2\text{-}6)$$

これは、積分計算において、積の左側が導関数として表現されているものなら、積の右側が導関数になっているものに計算をすりかえることができることを表している。例を見てみよう。

（例9） $\int_a^b xe^x dx$ を計算せよ。

---

e^x が $(e^x)'$ であることに気がつけば、部分積分の公式に当てはめ、係数の x を消してしまうことができる。$f(x) = x$、$g(x) = e^x$ とおけば

$$\int_a^b (x)' e^x dx + \int_a^b x(e^x)' dx = be^b - ae^a$$

$$\int_a^b e^x dx + \int_a^b xe^x dx = be^b - ae^a$$

$$\therefore \int_a^b xe^x dx = be^b - ae^a - \int_a^b e^x dx$$
$$= (b-1)e^b - (a-1)e^a$$

ガンマに隠された謎

部分積分の応用として、面白い関数を作り出してみよう。

それは有名なガンマ関数というものである。ガンマ関数は微積分だけでなく、統計学などでも非常に重要な関数であるから、知っておいて損はない。

ガンマ関数は次のように定義される。

$$\Gamma(s) = \int_0^\infty x^{s-1} e^{-x} dx$$

これは、積分区間が無限までになっているので、厳密にはその意味をしっかり定義することが必要である。しかし、うるさいことはいわずに安直に計算を実行することにしよう。

s が自然数のときは、部分積分を利用して、x の次数を順次下げていって、結局、積分記号をなくすことができる。

$$\Gamma(s) = \int_0^\infty x^{s-1} e^{-x} dx = \int_0^\infty x^{s-1} (-e^{-x})' dx$$

$$= \left[x^{s-1}(-e^{-x}) \right]_{x=\infty} - \left[x^{s-1}(-e^{-x}) \right]_{x=0} - \int_0^\infty (x^{s-1})'(-e^{-x}) dx$$

$$= 0 - 0 + (s-1) \int_0^\infty x^{s-2} e^{-x} dx$$

$$= (s-1)\Gamma(s-1) \qquad (s \geq 2)$$

(ただしここで

$$x^{s-1} e^{-x} \xrightarrow{x \to \infty} 0$$

を用いたが、この証明は章末の練習問題にまわす)

これで、s に対する値が $s-1$ に対する値によって表現できたので、順次 s を小さくしていくことができる。

$$\Gamma(s) = (s-1)\Gamma(s-1)$$
$$= (s-1)(s-2)\Gamma(s-2) = (s-1)(s-2)(s-3)\Gamma(s-3)$$
$$= \cdots\cdots = (s-1)!\, \Gamma(1)$$

となる（ビックリマークは $s! = s(s-1)\cdots 2\cdot 1$ を表し、これを s の階乗という）。ここで

$$\Gamma(1) = \int_0^\infty e^{-x}\,dx = [-e^{-x}]_{x=\infty} - [-e^{-x}]_{x=0} = 1$$

より、

$$\Gamma(s) = (s-1)!$$

が得られる。つまり、自然数については、ガンマ関数は階乗計算を実行する関数になる。

しかし、積分で定義されているので、正の s に対してなら、任意の s に対してこの関数は値をもつ。要するにガンマ関数は、自然数については階乗計算をするのだが、分数や無理数を入力できる関数で、いわば階乗を正の実数全体に延長したものといえる。

例えば、

$$\Gamma\left(\frac{1}{2}\right) = \sqrt{\pi}$$

などが証明できる。階乗記号をあえて使って表現するなら、

$$\left(-\frac{1}{2}\right)! = \sqrt{\pi}$$

というわけである。マイナスと分数と階乗と π とルートがからみ合っている姿を眺めると、読者もどことなく神妙な気持ちになってこないであろうか。

実はこの公式の証明を、本書のフィナーレに用意しているのでお楽しみに。

[練習問題 18] 部分積分を利用して、$\int_1^2 x^2 \log x\,dx$ を計算せよ。

[練習問題 19]

(1) n が自然数のとき、$x \geq 0$ に対して、$e^x > \dfrac{1}{n!}x^n$ が成り立つことを数学的帰納法で証明せよ。

(2) m が自然数のとき、$x^m e^{-x} \xrightarrow{x \to \infty} 0$ を証明せよ。

地球とりんごと原子と

　我々が住んでいるこの地球の大きさはどのくらいだろうか？
　地球の大きさは半径6400キロメートルで、地球の円周は、ほぼ4万キロメートルである。40000000メートル？　何故こんなにぴったりなんだろうか。そう、なんのことはない。地球の一周の4万分の1を1キロメートルと決めているからである（フランス革命が起ったときに、長さの単位を統一するため、わざわざ測量隊を出して、北極から赤道までの距離を測ったのだ）。
　そんなわけで、地球の直径（半径の2倍）はだいたい1万キロメートルぐらいということになる。
　話変わって、原子というものも考えてみよう。
　例えば鉄は鉄原子と呼ばれる、とても小さい粒でできている。見せてあげたいものだが、残念ながら肉眼では見えない。どれくらい小さいかというと、約10億分の1メートルくらいである。普通の顕微鏡ぐらいでは、絶対見えないのだ。
　この2つに、身の回りにあるものの代表として、りんごを加えよう。それぞれの物体の大きさを並べてみると、

　　　　地球の大きさ　…　約1万km＝10000000m
　　　　りんごの大きさ　…　約10cm＝0.1m
　　　　原子の大きさ　…　約0.000000001m

となる。
　あたりまえではあるが、この3つは、ものすごく大きさが違っている。これらの大きさをもうちょっと見やすくするにはどうすればいいだろう。このように何桁も違う数を比較するときには、その数の桁数に注目するのが巧いやり方である。それを最も有効に行うには、「数を10の何乗かで表す」、つまり、指数を利用するのがいい。
　やってみると、それぞれの数にあるゼロの数を10の肩につけて、

　　　　地球の大きさ　…　約1万km＝10000000mm＝10^7m
　　　　りんごの大きさ　…　約10cm＝0.1m＝10^{-1}m

　　　　原子の大きさ　…　約 0.000000001m＝10^{-9}m

なんて書ける。

　さて、この指数に注目してみよう。眺めてみて、気づくことはないだろうか？

　そう。りんごの指数（－1）が、地球の指数 7 と原子の指数（－9）のちょうど中間になるのである（｛7＋（－9）｝÷2＝－1）。つまりある意味で、りんごは地球と原子の中間の大きさといえるのである。

　このことは、次のようにいい換えると、もっとはっきりする。

　「りんごを 10^8 倍（1 億倍）も大きくしないと地球の大きさにならないが、原子も同じ倍率で大きくしてようやく、りんごの大きさになる」

　これで原子がいかに小さいかが実感してもらえたことだろう。

　さて、りんごは地球と原子の中間の大きさだといったが、これは普通の平均、つまり、足して 2 で割るという相加平均で考えるとだめである。地球の大きさと原子の大きさの平均を普通に相加平均で取ってしまうと、地球の大きさのほうに引きずられて（というより圧倒されて）、平均約 5000 キロメートルになり、りんごの大きさとは全く異なったものとなってしまう。では、どうすればよいか。

　そう、例の相乗平均を取ればいい。

（地球の大きさと原子の大きさの相乗平均）＝$\sqrt{10^7 \times 10^{-9}}$
　　　　　　　　　　　　　　　　　　　　＝$\sqrt{10^{-2}}$＝10^{-1}

となり、確かにりんごの大きさとなってめでたしめでたし。

　このように、相乗平均っていうのもなかなかおつなものなのである。

第3章
テーラー展開は、関数の仕立て屋

あくまで直感にこだわる

　これまでの 2 章で、1 変数の微分と積分をおおよそ解説した。次の多変数の微分積分の話に進む前に、個別の関数の微分積分に多少触れておくことにする。

　ここでは、「テーラー展開」によって、一般の関数を「無限次の多項式」として捉える、ということをお見せしよう。テーラー展開は、それぞれ関数の素性を知る上でたいへん役に立つものである。例えば、三角関数や指数関数の性質が浮き彫りになる。ただ、このテーラー展開を厳密に扱うのは、級数や級数の和の収束性にははなっから目をつぶっている本書の性格上不可能なのだが、ごまかしながらもその本質だけは捉えることができる。大切なのは、厳密にわかることよりも、その意味するところを直感的に把握することなのである！

3.1. パラメーターを含んだ関数

パラメーターを動かして曲線を描こう

　数学や物理では、点の動きを関数で表してグラフを描くことをよくやる。まず例を見てみることにしよう。

（例）　　$x = t^2$,　　$y = t^3$
---

x と y は、座標 (x, y) を表す。だから、t を時刻を表すパラメーターと解釈すれば、時刻の変化に伴って、座標の変わる動点を表しているとみなすことができる。これは曲線の形ばかりでなく、その上を点がどう動くかをも表していると考えられる。これを図示したものが、図 3-1 である。

t	x	y
-2	4	-8
-1	1	-1
0	0	0
1	1	1
2	4	8

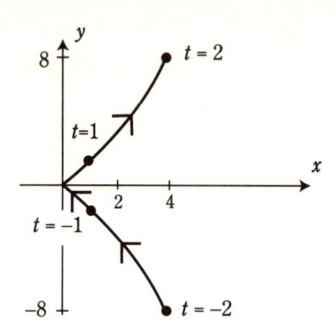

図 3-1

曲線の方程式は、t を消去して、

$$y = \pm \sqrt{x}{}^3$$

となる。それでは、この曲線の接線はどのようにしたら得られるのであろうか。実は、t を消去したものではなく、もとのパラメーター表示のままの方が求めやすい。

時刻 t が微小量 Δt だけ経過したときの x と y の増分は、$\dfrac{\Delta x}{\Delta t} \sim 2t$、$\dfrac{\Delta y}{\Delta t} \sim 3t^2$ より

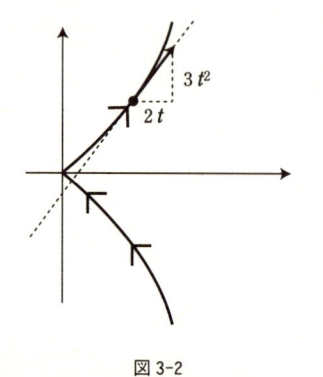

$$\Delta x \sim 2t \Delta t, \quad \Delta y \sim 3t^2 \Delta t$$

である。これは、座標が、$(\Delta x, \Delta y) = (2t \Delta t, 3t^2 \Delta t)$ だけ変化するような動き方をすることを意味している。つまり動点は、時刻 t の瞬間に、$(2t, 3t^2)$ の方向に向かって動いているのである。これが接線の方向を意味する（図 3-2）。

図 3-2

これを一般化すれば、

> **[動点の描く曲線の接線の方向]**
> 動点 $(x(t), y(t))$ の描く曲線の接線の方向ベクトルは $(x'(t), y'(t))$

　このことから、パラメーター表示で表された動点の描く曲線の長さ、つまり、動点の動いた道のりは積分を使って表現することができることがわかる。

　動点 $(x(t), y(t))$ の $t=a$ の点 A から、$t=b$ の点 B までに描く曲線 AB を図 3-3 のように、Δt 時間ごとで区切った細かい折れ線 $AP_1P_2\cdots B$ で近似しよう。各ベクトル $\overrightarrow{P_iP_{i+1}}$ は、さっきの分析から、$(x'(p_i)\Delta t, y'(p_i)\Delta t)$ と見なしてよい。すると折れ線の長さは、

$$\sum \sqrt{(x'(p_i)\Delta t)^2+(y'(p_i)\Delta t)^2} = \sum \sqrt{x'(p_i)^2+y'(p_i)^2}\Delta t$$

である。これは、まさにリーマン和そのものであるから、折れ線を細かくしていくと、積分に変身する。つまり、曲線の長さは積分によって計算されるのである。

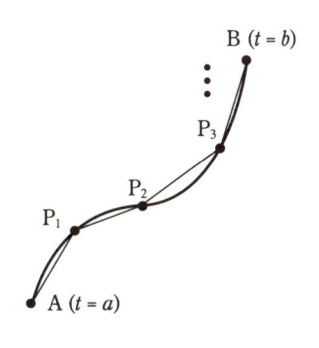

図 3-3

> **[パラメーター表示された曲線の長さ]**
> $(x(t), y(t))$ が $a \leq t \leq b$ で描く曲線の長さは
> $$\int_a^b \sqrt{x'(t)^2+y'(t)^2}\,dt$$

[練習問題 20] $(x(t), y(t)) = \left(t-\dfrac{1}{3}t^3, t^2\right)$ の描く曲線の $0 \leq t \leq 3$ の部分の長さを求めよ。

三角関数の導関数を華麗に求める

　実はここまで、わざと三角関数の導関数を求めてこなかった。三角関数

の導関数は、高校の教科書でも扱われているが、求め方がわずらわしくてわかりにくい。それを本書でもまた繰り返すのははばかられるし、どうせわずらわしいなら、もっと本質的な導出法、しかも、他への応用力も強いような方法で解説しようと思う。

三角関数の導関数をいよいよこの項で導出するが、この方法は導関数を三角関数の定義そのものから直接導き、その上、今までに講義した微分積分の技術が総動員されるので、とても勉強になる方法である。

三角関数 $\cos t$, $\sin t$ とは、時刻 t が 0 から 2π まで変化するとき

$$(x(t), y(t)) = (\cos t, \sin t) \qquad ①$$

で表される動点が、原点を中心として、半径 1 の円を 1 周するように定義された関数である。0 から θ まで t が変化すると、動点は中心角度 θ 分の、つまり長さ θ 分の弧を描く（図3-4）。

$P(\cos t, \sin t)$ における円の接線は、前の項で説明したように、ベクトル $(x'(t), y'(t))$ と平行であるが、接線と半径が直交するという初等幾何の定理から、ベクトル $\overrightarrow{OP}$ と直交する方向である。ベクトル $\overrightarrow{OP}$ に垂直なベクトルは、$\overrightarrow{OP}$ との内積が 0 になるものであり、$(-\sin t, \cos t)$ がその 1 つである（図3-5）。したがって、$(x'(t), y'(t))$ はこのベクトルを延長したものである。つまり、ベクトルの延長率を $k(t)$（ただし、動点が動く方向から $k(t) \geq 0$ と考えてよい）として、

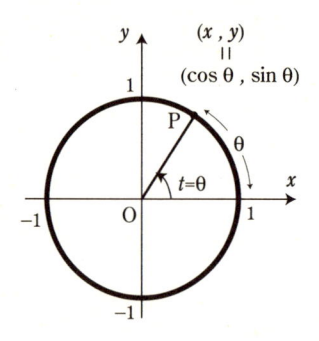

図3-4

$$(x'(t), y'(t)) = (-k(t)\sin t, k(t)\cos t) \qquad ②$$

と書くことができる。

さて、t を 0 から θ まで動かしたとき、動点は長さ θ 分の弧を描くので、さきほどの曲線の長さの公式から

$$\int_0^\theta \sqrt{x'(t)^2 + y'(t)^2}\, dt = \theta$$

となる。これに②を代入すれば、

$$\int_0^\theta \sqrt{k(t)^2 (\cos^2 t + \sin^2 t)}\, dt = \int_0^\theta k(t)\, dt = \theta$$

最後の等式の両辺を θ で微分すれば、積分して微分するともとに戻る（公式 2-5）から（90 ページ）

$$k(\theta) = 1$$

つまり、延長率 $k(t)$ は常に 1 である。だから②より、

$$(x'(t), y'(t)) = (-\sin t, \cos t)$$

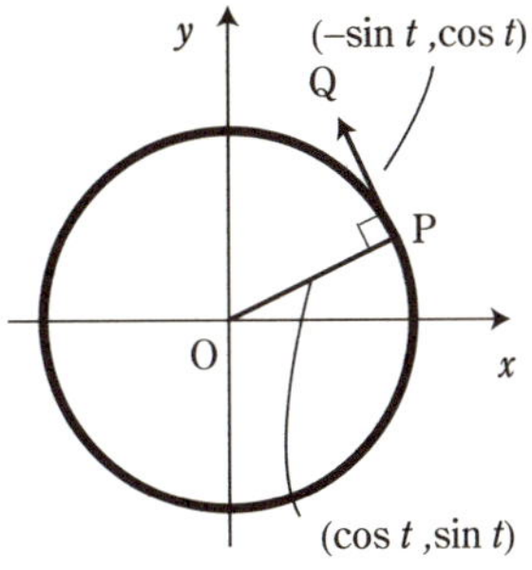

図 3-5

となる。これで、三角関数の微分公式が手に入ってしまったのである。

[三角関数の導関数]

$$\{\cos x\}' = -\sin x, \quad \{\sin x\}' = \cos x$$

　微分してもサインとコサインが入れ替わるだけであるから、三角関数も指数関数と同じく、ある種の不変性（循環性とでもいおうか）をもっているといえる。このような指数関数や三角関数の導関数の不変性は、自然現象を記述する物理学において不可欠なものである。

　なぜならば、自然界の物質の運動には、さまざまな不変性が多くみられるからである。そもそも、なんらかの形で不変性がなければ、世界はめちゃくちゃになってしまって、秩序は保てない。だから、e^x や $\cos x$ や $\sin x$ は物理学にとって、なくてはならない関数なのである。

[練習問題 21]

(1) $f(x) = \tan x = \dfrac{\sin x}{\cos x}$ の導関数を求めよ。

(2) $\displaystyle\int_0^\pi \sin x \, dx$ を計算せよ。

[練習問題 22] $I = \displaystyle\int_0^{\frac{1}{2}} \dfrac{1}{\sqrt{1-x^2}} \, dx$ を $x = \sin t$ と置換して求めよ。

3.2. テーラー展開

テーラー展開とは何か

　我々は、これまでにいろいろな関数に触れてきた。それがどんな関数かは、導関数を利用すればおおよそわかる。しかし、欲をいうなら、あらゆる関数を統一的な視点で眺められるようなツールを手に入れたいものである。何か1つ、基準となる関数を利用してすべての関数を推し量ることはできないものだろうか。

　これについて、実にうまい方法が編み出された。それは、多項式を使って、どんな関数でも表現してしまうという大胆なものである。

　例えば、平方根を表す関数 $\sqrt{x+1}$ は、よく顔のわからない関数だが、もしも

$$\sqrt{1+x} = a + bx + cx^2 + \cdots + dx^n$$

という風な等式が成り立ったら、どんなにわかりやすいことだろう。もちろん、世の中そんなに甘くない。$\sqrt{1+x}$ を、通常の多項式でぴったり表現することはとうてい不可能である。もし可能なら、平方根の記号などいらないということになりかねない。ところがところが、「無限次」の多項式なら「できる」のである。

　どういうことかというと、なんと

$$\sqrt{1+x} = a_0 + a_1 x + a_2 x^2 + \cdots + a_n x^n + \cdots \qquad ①$$

という風に、次数が無限の多項式の、無限のかなたまでの和で表現してしまうのである。

とにかく、「表現できる」ということを前提にして、各係数 a_i を求めてみよう。

（係数の決定）

①の両辺に $x=0$ を代入→

$$\sqrt{1+0} = a_0 + 0 + 0 + \cdots + 0 + \cdots \quad \rightarrow \quad a_0 = 1$$

①の両辺を微分する→

$$\frac{1}{2}(1+x)^{-\frac{1}{2}} = a_1 + 2a_2 x + 3a_3 x^2 + \cdots + na_n x^{n-1} + \cdots \qquad ②$$

②の両辺に $x=0$ を代入→

$$\frac{1}{2} = a_1 + 0 + 0 + \cdots + 0 + \cdots \quad \rightarrow \quad a_1 = \frac{1}{2}$$

②の両辺を微分する→

$$-\frac{1}{4}(1+x)^{-\frac{3}{2}} = 2a_2 + 6a_3 x + \cdots + n(n-1)a_n x^{n-2} + \cdots \qquad ③$$

③の両辺に $x=0$ を代入する→

$$-\frac{1}{4} = 2a_2 + 0 + \cdots + 0 + \cdots \quad \rightarrow \quad a_2 = -\frac{1}{8}$$

以下同様の計算で、係数が順次決定されていく。これによって、

$$\sqrt{1+x} = 1 + \frac{1}{2}x - \frac{1}{8}x^2 + \frac{1}{16}x^3 - \cdots$$

と特定されることになった。これは本当に意味ある等式であるのだろうか。そこで、$x=0.1$ を代入して両辺を計算してみる。

$$左辺 = \sqrt{1.1} = 1.0488088\cdots$$

右辺の3次までの部分の計算＝1.0488125

ご覧の通りものすごく近い数になることが確認できる。

　この右辺の無限次数の多項式を、「テーラー展開」という。テーラー展開はもとの関数とぴったり同じ関数である。そして、この展開式を途中で

ちょんぎると、関数を近似する多項式が得られる。例えば、

$$(1 次近似) \quad 1+\frac{1}{2}x$$

$$(2 次近似) \quad 1+\frac{1}{2}x-\frac{1}{8}x^2$$

$$(3 次近似) \quad 1+\frac{1}{2}x-\frac{1}{8}x^2+\frac{1}{16}x^3$$

これらがちゃんと、2乗すると$1+x$に「似てくる」雰囲気を眺めてみてほしい。

$$(1+\frac{1}{2}x)^2 = 1+x+\frac{1}{4}x^2$$

$$(1+\frac{1}{2}x-\frac{1}{8}x^2)^2 = 1+x \quad -\frac{1}{8}x^3-\frac{1}{64}x^4$$

$$(1+\frac{1}{2}x-\frac{1}{8}x^2+\frac{1}{16}x^3)^2 = 1+x \quad +\frac{5}{64}x^4-\frac{1}{64}x^5+\frac{1}{256}x^6$$

さてここで、1次近似の式は、実は第1章でお話しした微分係数の式

$$y=f(x) に対して、x=a の近辺では \quad \Delta y \sim f'(a)\Delta x$$

と同じものである。$y=f(x)=\sqrt{x}$ とすると、$f'(1)=1/2$ であるから、$x=1$ の近辺で、$\Delta y \sim (1/2)\Delta x$ を書き直すと、

$$\sqrt{1+\Delta x}-\sqrt{1} \sim \frac{1}{2}\Delta x \quad より、\quad \sqrt{1+\Delta x} \sim 1+\frac{1}{2}\Delta x$$

この式でΔxをxとおきなおすと、さっきの1次の近似式となる。したがって、テーラー展開というのは、直線による近似、放物線による近似、3次曲線による近似……と推し進めていって、無限次数の多項式に至ってぴったり一致させる表現だといえる。このことを理解すると、$y=f(x)=\sqrt{x}$ のグラフの $x=1$ の近辺の様子について、情報を引き出すことができる。例えば、2次の近似式を使うと

$$\sqrt{1+\Delta x} \sim 1+\frac{1}{2}\Delta x-\frac{1}{8}\Delta x^2$$

これは、$x=1$ のところで、ごくわずか Δx だけ動くときの変化を、上記の 2 次関数で近似しているのである。したがって、図 3-6 のように $x=1$ のあたりでは、グラフは上に膨れた形で右上がりになっていることがわかる。

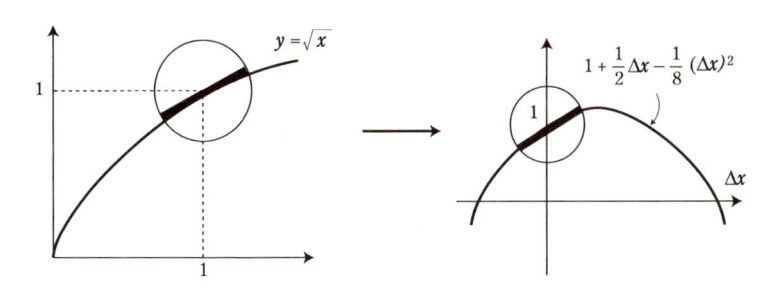

図 3-6

注意を要するのは、テーラー展開

$$\sqrt{1+x} = 1 + \frac{1}{2}x - \frac{1}{8}x^2 + \frac{1}{16}x^3 - \cdots$$

は、右辺が常に収束して意味のある数になるとは限らない、ということである。例えば、この式で $x=2$ とすると、右辺は無限に大きくなってしまう（証明は標準的な大学教科書参照）。

右辺が収束するような x の範囲を「収束半径」というのだが、本書ではこれには深く立ち入らないことにする。テーラー展開は、x が 0 に近いところでは収束する、と考えておけばだいたいよい。

では、テーラー展開の一般公式を見よう。

［テーラー展開の公式］

$$f(x) = f(0) + f'(0)x + \frac{1}{2}f''(0)x^2 + \frac{1}{6}f'''(0)x^3 + \cdots + \frac{1}{n!}f^{(n)}(0)x^n + \cdots$$

（ただし、$f^{(n)}(x)$ は n 階微分を表している）

証明は、さっきの計算を繰り返すだけでいい。

$$f(x) = a_0 + a_1 x + a_2 x^2 + \cdots + a_n x^n + \cdots$$

とおいて、$x=0$ を代入すると、$a_0 = f(0)$。微分して、

$$f'(x) = a_1 + 2a_2 x + 3a_3 x^2 + \cdots + na_n x^{n-1} + \cdots$$

$x=0$ を代入し、$f'(0) = a_1$ から $a_1 = f'(0)$。また微分し、

$$f''(x) = 2\cdot 1 a_2 + 3\cdot 2 a_3 x + 4\cdot 3 a_4 x^2 + \cdots + n(n-1) a_n x^{n-2} + \cdots$$

$x=0$ を代入し、$f''(0) = 2\cdot 1 a_2$ から、$a_2 = \dfrac{1}{2\cdot 1} f''(0)$。また微分し、

$$f'''(x) = 3\cdot 2\cdot 1 a_3 + 4\cdot 3\cdot 2 a_4 x + \cdots + n(n-1)(n-2) a_n x^{n-3} + \cdots$$

$x=0$ を代入し、$a_3 = \dfrac{1}{3\cdot 2\cdot 1} f'''(0)$。以下同様にして、$a_n = \dfrac{1}{n!} f^{(n)}(0)$。

(例1) $f(x) = \dfrac{1}{1-x}$ のテーラー展開

$f(x) = (1-x)^{-1}$, $f'(x) = 1\cdot(1-x)^{-2}$, $\cdots$, $f^{(n)}(x) = n!(1-x)^{-(n+1)}$
であるから、$f^{(n)}(0) = n!$。したがって、テーラー展開は、

$$\dfrac{1}{1-x} = 1 + x + x^2 + x^3 + \cdots$$

となる。

実はこれは、有名な「無限等比数列の和の公式」である。右辺が $-1 < x < 1$ の範囲で左辺に収束することは、高校の数学でも勉強することである。その外側では収束しないので、テーラー展開は $-1 < x < 1$ の範囲でだけ意味をもつ。

> **(例2)** $f(x)=e^x$ のテーラー展開

e^x は微分しても変わらないので、$f(x)=f'(x)=f''(x)=\cdots=e^x$。
したがって、$f(0)=f'(0)=f''(0)=\cdots=1$ より、

$$e^x=1+\frac{1}{1!}x+\frac{1}{2!}x^2+\frac{1}{3!}x^3+\cdots$$

がテーラー展開となる。ちなみに、この e^x のテーラー展開は、実数全体で収束し、等式が成立することが知られている。この式に $x=1$ を代入すれば、

$$e=1+\frac{1}{1!}+\frac{1}{2!}+\frac{1}{3!}+\cdots$$

となって、前章では謎めいた数であったオイラー数 e の正体が、多少わかったような感じになる。e は階乗数の逆数を無限の先まで合計した数なのである。

> **(例3)** $f(x)=\sin x$ のテーラー展開

$f(x)=\sin x,\ f'(x)=\cos x,\ f''(x)=-\sin x,\ f'''(x)=-\cos x,\ \cdots$
であるから、

$$f(0)=0,\ f'(0)=1,\ f''(0)=0,\ f'''(0)=-1,\ \cdots$$

したがって、

$$\sin x=x-\frac{1}{3!}x^3+\frac{1}{5!}x^5-\frac{1}{7!}x^7+\cdots$$

がテーラー展開となる。これも実数全体にわたって等式が成り立つことが知られている。例えば、この式に円周率 π を代入すれば、

$$0=\pi-\frac{1}{3!}\pi^3+\frac{1}{5!}\pi^5-\frac{1}{7!}\pi^7+\cdots$$

がわかり、π は普通の（係数が有理数の）多項式の解にはならないが、無限次数の（係数が有理数の）多項式の解にはなりうることが判明したわけである。

［練習問題23］ e^x のテーラー展開を用いて練習問題 19 の $e^x > \dfrac{1}{n!} x^n$ ($x \geq 0$) を再確認せよ。

［練習問題24］ $\cos x$ のテーラー展開を求めよ。

［練習問題25］ オイラーの公式 $e^{ix} = \cos x + i \sin x$ （ただし $i = \sqrt{-1}$）を、それぞれの関数のテーラー展開の x を ix に置き換えることで確認せよ。

テーラー展開を利用して、極値条件を検証する

テーラー展開は、一般の関数を多項式で表現するものであるから、多項式の性質を利用して、関数の形を解読することができる。そのいい例が極値条件である。55ページに書いた法則をあらためて書くと、

［極値の 2 階条件］

関数 $f(x)$ が $x = a$ において、$f'(a) = 0$ および $f''(a) > 0$ を満たすならば、$f(x)$ は $x = a$ において極小値を取る。

また、関数 $f(x)$ が $x = a$ において、$f'(a) = 0$ および $f''(a) < 0$ を満たすならば、$f(x)$ は $x = a$ において極大値を取る。

これをこのページで予告した通り、テーラー展開から検証してみよう。

簡単のため、$a = 0$ だけを考える。いま、$f'(0) = 0$ および $f''(0) > 0$ としよう。$f(x)$ のテーラー展開を 2 次まででちょんぎって、近似式として、

$$f(x) \sim f(0) + f'(0)x + \frac{1}{2} f''(0) x^2$$

を作る。ここで、$f'(0) = 0$、および $f''(0) > 0$ より、

$$f(x) \sim f(0) + (\text{プラスの数}) x^2$$

これは、$x=0$ の付近で、$f(x)$ が、下に凸の 2 次関数にそっくりであることを表しているので（図 3-7）、$(0, f(0))$ が極小点だとわかるわけである。このように、テーラー展開を利用すると、関数の性格が驚くほど直感的に捉えられる。

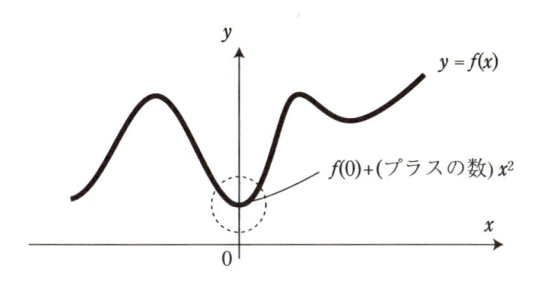

図 3-7

青空ゼミナール

テーラー展開とは、何をしていることなのか

学生「テーラー展開が非常に美しい公式だというのはわかるのですが、何を意味しているのか、どうもいまひとつわからないんです」

桑原「いろいろな関数、例えば、分数関数や三角関数を、無限次の多項式で表現すること、と教わらなかったかな？」

学生「はい、私の先生もそういってましたが、その『無限次の多項式』というのがよくわからないのです」

桑原「まあ、確かに、最後の方は『……』と書かれてごまかされてしまうので、わかった気がしない、というキモチも理解できんでもないがな。あれは、無理数を理解したときの気持ちを思い出してみればいいのじゃ」

学生「無理数というとルート 2 とか、円周率とかですか」

桑原「そうじゃ。我々は、有限で終わる小数ならば抵抗感はない。とにかく書き終えることができるからな。ところが無限小数となるととたんに拒絶感が現れる。いつまでたっても書き終えることができないからじゃ。そういうわけで無理数には親近感を抱くことができないんじゃな。例え

ば、円周率は3.141592……と書いても『……』と書いてごまかされている気分がする」

学生「そうか。テーラー展開に対する違和感は、無理数に対するアレルギーに似てるのかなぁ」

桑原「しかし、ものごとはそんなに否定的に見てはならん。円周率も、我々のなじめるような有限小数の列、3、3.1、3.14、3.141、3.1415、……の、そのかなたに円周率がある、と考えればいいわけじゃ。つまり、無数の有限小数たちの包囲している、いわばぽっかり空いた穴のような場所に、そこに円周率があると思えばいいわけじゃ」

学生「そうか、無理数という見通すことのできないないものをなんとか見通そうとするから、不安になってくるのであって、はなっから、『見えている有限小数たちのすきまに空いている穴』に名前をつけているものだと思えば、怖がるほどのこともないですねぇ」

桑原「無理数について、そういう理解ができればじゃな、テーラー展開についても同じように怖がることはないのじゃ。例えば、$1+x$, $1+x+x^2$, $1+x+x^2+x^3$ というそれぞれの多項式はなじみのあるもので、何の違和感もない。これを $1+x$, $1+x+x^2$, $1+x+x^2+x^3$, …… と延長していくとき、そこの先っぽにぽっかり空いた穴に、関数 $\dfrac{1}{1-x}$ がはまっていると思えばいいわけじゃ。それを表記するために、無限次の多項式 $1+x+x^2+x^3+……$ を使うわけなんじゃな。通常の多項式たちを集めた空間には、そこここに穴が空いていて、そこらの穴々に、分数関数やら三角関数やらが埋まっている、とそういう見方をテーラー展開が提供しとるっちゅうことじゃ」

学生「なんとなくわかってきましたよ。桑原さん。多項式なら、高校でもよく勉強するし、素性も知れている。その多項式たちの空間に穴みたいなものが空いていて、そこにいろいろな多項式でない関数が埋まっている。それを表現するのが、無限次の多項式テーラー展開、というわけなんですね。確かに無理数の感じと似ています。なんか自分の世界が広がった気分だなぁ」

第4章
多変数も直感的に
よくわかる──偏微分

人間の脳は2次元まで

　前章まで、関数の微分と積分の基本的な考え方について勉強してきた。扱った関数はぜんぶ1変数の関数であったが、以下の章で、変数を2つ以上もつ関数にまで、微分と積分の概念を拡張することにしたい。これは実用上、非常に重要である。

　そもそも、世界は複雑な関数によって成り立っている。現象を表すアウトプット（結果）が1つなのに対して、結果を作り出すインプット（原因）は複数あるのが普通だ。それら複数の変数たちがアウトプットに与える影響を知るには、どうしても多変数の微分が必要になる。とはいうものの、変数が複数になると困ったことがいろいろ起きる。その最たるものが、グラフが3次元以上になるということである。人間の脳には、2次元の図形を処理する能力が生まれつき備わっているが、3D映像については、あまり適応性がない。だからこそ、多変数関数のグラフを取り扱うために、数学的な技法が不可欠となるのであるが、逆に多変数関数の微積分を一度習熟してしまえば、3次元だけでなく、4次元や、もっと高次元の世界を操ることさえ可能となる。これらを使いこなせるようになると、微分積分が世界を捉える上でいかに欠かせないものであるかを、身をもって実感されることだろう。

4.1. 手とり足とり偏微分

2変数以上の関数

入力（input）が2変数以上で、出力（output）が1つの関数を扱う。それは例えば、$z=f(x,y)$ のように記述される。x と y に数を当てはめると、ある定められたルール（関数）で計算が実行され、結果として数 z が出てくる仕組みである。いくつか例をあげてみよう。

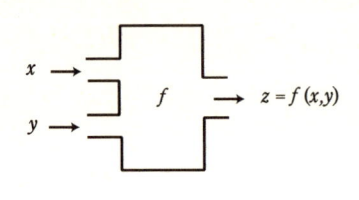

図 4-1

> **（例1）** (x,y) を地図上の位置とし、z をその地点の気温としたときの $z=f(x,y)$

これは、位置を指定すると気温を返してくれる関数であるが、簡単な式で表現することはできない。

> **（例2：物理学）** 地表から物体を初速 v で投げ上げたときの、t 秒後の高さを h としたときの、$h=h(v,t)$

これは、実験によって、
$$h=h(v,t)=vt-4.9t^2$$
となることが知られている。第1項は慣性の法則を、第2項はガリレオの落体法則を表している。v については1次関数、t については2次関数、という2変数関数で表現される。

> **（例3：物理学）** 気体の圧力 P と体積 V を与えたときの、温度 T を表す関数 $T=T(P,V)$

これは「気体の状態方程式」という有名な関数である。理想気体の場合は

$$T = T(P, V) = \frac{1}{nR} PV \quad (nR は定数)$$

（例4：経済学） 製品 A を x 単位、製品 B を y 単位買ったときに支払う金額 m は、

$$m = m(x, y) = px + qy \quad (p、q はそれぞれの価格)$$

ちなみにこれは、ベクトル (p, q) と (x, y) の内積の形をしている。

（例5：経済学） ある国の機械・設備の量を K、労働者の数を L としたときの GDP（国内総生産）Y は、$Y = Y(K, L)$ という2変数関数で表される。

Y は生産関数と呼ばれる。現実の経済を分析するためのモデルとしてよく利用されるのは、以下の「コブ＝ダグラス型生産関数」である。

$$Y = Y(K, L) = \beta K^\alpha L^{1-\alpha}$$

世の中にあまたあるこのような多変数の関数のグラフを描いたり、その極値を求めたりするのに、多変数バージョンの微分積分がどうしても必要となるわけである。

グラフの等高線分析

まず、2変数関数のグラフの描き方であるが、それには3次元座標空間、xyz 座標系を利用する。

$z = f(x, y)$ のグラフを描く場合、図4-2のように、点 (x, y) の上に垂線を立てて、高さ $f(x, y)$

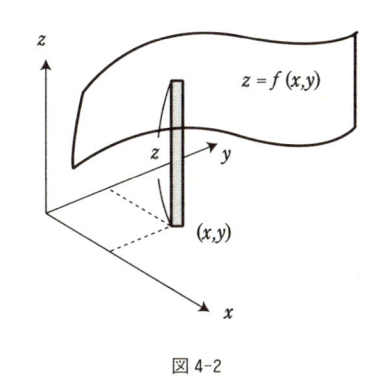

図 4-2

の地点に点を打てばよい。このとき、$z=f(x,y)$ のグラフは点 $(x,y,f(x,y))$ という点の集まりになる。このような点の集まりは一般に曲面を描く。そして、$z=f(x,y)$ のグラフはいわゆる 3D 映像となる。2 次元の映像を想像するのは我々にとってお茶のこさいさい、得意とするところだが、3D 映像を想像せよといわれるとなんとも心もとない。そんなときは、数学では「断面図」を利用して、3D 映像を 2 次元に落とすのが常套手段である。

それを次の関数を例にしてやってみよう。

（例 6） $z=f(x,y)=xy$ （図 4-3）

---

①は正面後方の y 軸が点になって見えるような位置から眺めた断面図である。断面のグラフは、$z=f(x,2)=2x$ のグラフであり、直線である。

②は右方の x 軸が点になって見えるような位置から眺めた断面図である。断面のグラフは、$z=f(-3,y)=-3y$ のグラフであり、直線である。

③は斜め後方から眺めた断面図になっている。断面のグラフは、$z=f(k,k)=k^2$ のグラフであり、放物線である。

④は、真上から見た断面図である。断面のグラフは、$4=f(x,y)=xy$ のグラフであり、双曲線である。

以上のように $z=f(x,y)=xy$ は、見る方向によって、見える図形が違う。この中で、4 番目の（$z=$ 一定）という平面による切り口が、最もスタンダードなものである。z はグラフの高さであるから、これは「高さ一定の切断面」、つまり「等高線」にあたる。等高線は、地図や天気図など日常生活でもよく見かけるから、多少はなじみがある。要するに、2 変数関数のグラフを理解したいときは、まず「等高線」を考えてみるのが一番いい。

[練習問題 26] 2 変数関数 $z=x^2+y^2$ を、次の平面で切った断面図を描け。
(1) $x=1$ (2) $y=-2$ (3) $z=4$

第4章◎多変数も直感的によくわかる——偏微分　121

① $z = 2x$

（$y = 2$ による切断面）

② $z = -3y$

（$x = -3$ による切断面）

③ $y = x$、$z = k^2$、(k, k)

（$y = x$ による切断面）

④

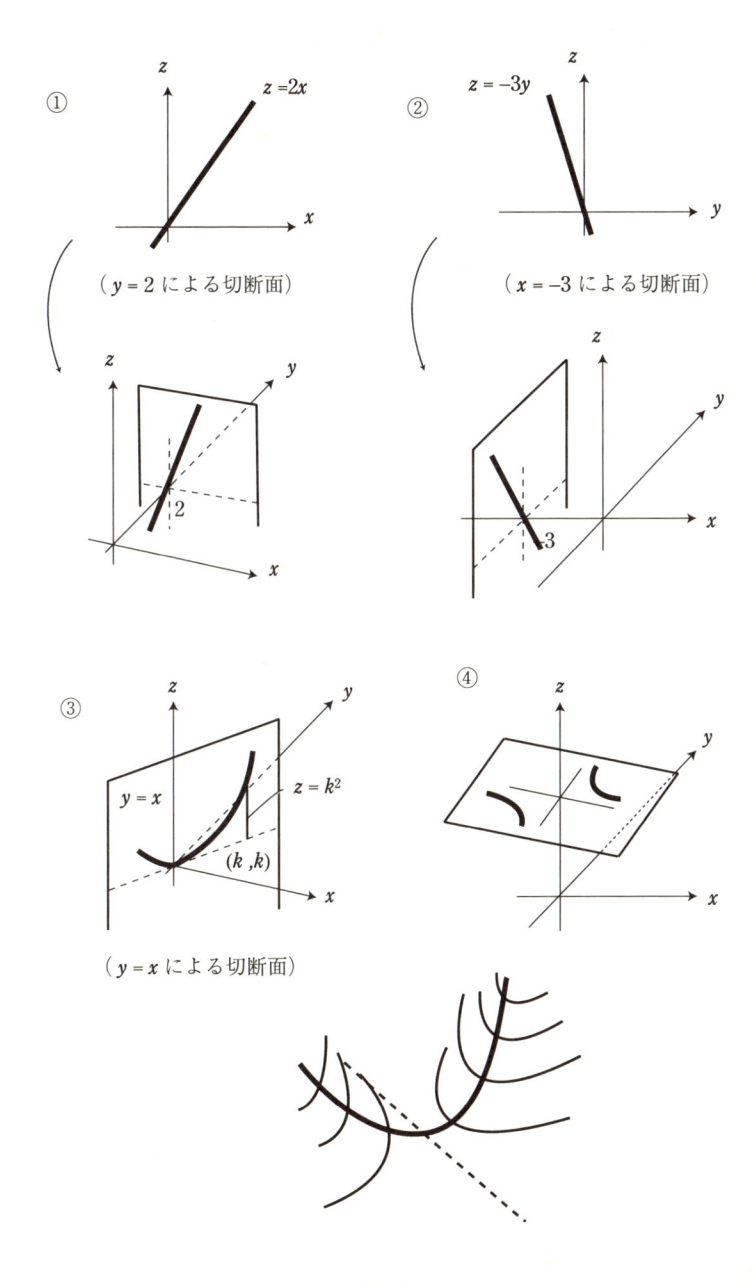

図 4-3

基本になる双 1 次関数

多変数関数の中で最も基本となるものは、「双 1 次関数」である。これは、x の 1 次関数と y の 1 次関数を合わせたものであり、
$$z = ax + by + c$$
という式で表現される。このグラフは平面である。例えば、
$$z = 2x + 3y + 1$$
のグラフが平面になることをさまざまな観点から確かめてみよう。

(見方その 1)

等高線を引いてみる。

$-2 = 2x + 3y + 1$ → $-1 = 2x + 3y + 1$ → $0 = 2x + 3y + 1$ → $1 = 2x + 3y + 1$ → $2 = 2x + 3y + 1$ → …

の双 1 次関数はそれぞれ高さ-2、-1、0、1、2、…の等高線を表し、それらはすべて直線である（図 4 - 4）。図のように、等高線同士は平行で

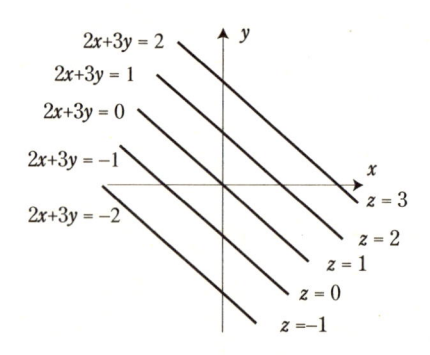

図 4-4

あって、なおかつ一定の高さの間隔を保っているのだから、これは平面だと直感的に理解できる。

(見方その 2)

グラフ上の点を、xz 平面上のベクトルと yz 平面上のベクトルの和で表現してみよう。

$$\begin{pmatrix} x \\ y \\ z \end{pmatrix} = \begin{pmatrix} x \\ y \\ 2x+3y+1 \end{pmatrix} = \begin{pmatrix} x \\ 0 \\ 2x \end{pmatrix} + \begin{pmatrix} 0 \\ y \\ 3y \end{pmatrix} + \begin{pmatrix} 0 \\ 0 \\ 1 \end{pmatrix}$$

$$= x \begin{pmatrix} 1 \\ 0 \\ 2 \end{pmatrix} + y \begin{pmatrix} 0 \\ 1 \\ 3 \end{pmatrix} + \begin{pmatrix} 0 \\ 0 \\ 1 \end{pmatrix} = x\vec{e_1} + y\vec{e_2} + \vec{p}$$

これは、図4-5のように、P$(0,0,1)$を支点として、xzの壁の上のベクトル$\vec{e_1}$とyzの壁の上の$\vec{e_2}$で張られる平行四辺形を含む平面を表している。つまり、直線$z=2x+1$と直線$z=3y+1$を縁として障子のように張られた平面がこのグラフである、と考えればよいわけである。

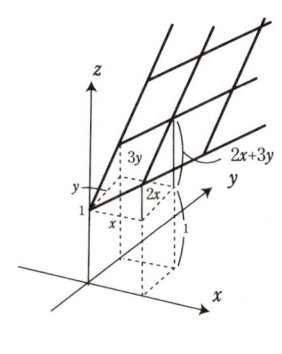

図4-5

見方その3

ベクトルによる見方はもう1つある。それは「垂直な方向」からの見方である。ベクトルの垂直条件は「内積＝0」であることを思い出そう。

$$z = 2x + 3y + 1$$

を変形して、

$$2 \times x + 3 \times y - 1 \times (z-1) = 0$$

とすると、これは、2つのベクトルの内積が0であることを表している。

$$\begin{pmatrix} 2 \\ 3 \\ -1 \end{pmatrix} \cdot \begin{pmatrix} x \\ y \\ z-1 \end{pmatrix} = 0 \Leftrightarrow \begin{pmatrix} 2 \\ 3 \\ -1 \end{pmatrix} \cdot \left\{ \begin{pmatrix} x \\ y \\ z \end{pmatrix} - \begin{pmatrix} 0 \\ 0 \\ 1 \end{pmatrix} \right\} = 0$$

したがってグラフ上の点と点$(0,0,1)$を結んだ線分が常にベクトル$(2,3,-1)$と直交していることを表している。これは図形が平面であることの証拠である。ベクトル$(2,3,-1)$を軸として、それと垂直な直線をぐる

$(x, y, z-1)$

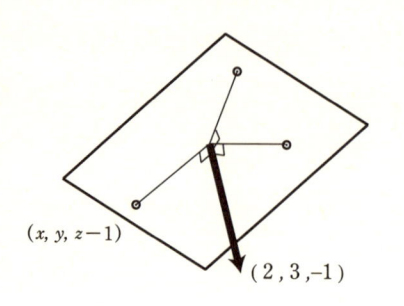

$(2, 3, -1)$

っと1周させて、できる図形が平面であることは、誰にでも簡単にイメージできることと思う（図4-6）。

以上の3つの見方はどれも重要なので、できればすべての面から理解したい。

図4-6

2変数の偏微分のイメージをつかむ

準備が整ったので、2変数関数の微分係数を考えてみたい。微分係数とは要するに「グラフの瞬間的な傾斜」、あるいは「接線の傾き」だったわけだが、2変数関数の場合は一筋縄ではいかなくなる。どうしてかというと、グラフが曲面になるから、傾斜とか接線といっても、どういう方向で考えればいいかがわからなくなるからである。したがって、とりあえずいろいろな方向の傾斜を求めてみることにする。

> **（例7）** $z = f(x, y) = x^2 y$ （図4-7）

（α）x方向の瞬間的な傾斜（微分係数）

点 A(2, 3, 12) における x 方向の傾斜を調べる。これは点 A から x 方向に曲面を登って行くときの傾斜だから、$y=3$ という平面で切断してできる曲線の接線の傾きを調べるのと同じである。y を固定したまま、x をちょっとだけ増やして、z の増える量を x の増加分に対する倍率で評価すればいい。

$$\frac{f(2+\varepsilon, 3) - f(2, 3)}{\varepsilon} = \frac{(2+\varepsilon)^2 \times 3 - 12}{\varepsilon} = \frac{12\varepsilon + \varepsilon^2}{\varepsilon}$$
$$= 12 + 3\varepsilon \xrightarrow{\varepsilon \to 0} 12$$

よって、点 A(2, 3, 12) における x 方向の瞬間的な傾斜は 12 とわかった。もちろんこれは、y に 3 を代入した関数 $z = f(x, 3) = 3x^2$ の導関数 $6x$ に

$x=2$ を代入したものと一致している。

$$\left[\frac{d(3x^2)}{dx}\right]_{x=2}=[6x]_{x=2}=12$$

(b) y 方向の瞬間的な傾斜

点 $A(2,3,12)$ における y 方向の傾斜を調べる。これは上と同様に、$x=2$ という平面で切断してできる曲線の接線の傾きを調べればよいので

$$\frac{f(2,3+\varepsilon)-f(2,3)}{\varepsilon}=\frac{2^2\times(3+\varepsilon)-12}{\varepsilon}=\frac{4\varepsilon}{\varepsilon}$$
$$=4\xrightarrow{\varepsilon\to 0}4$$

よって、点 $A(2,3,12)$ における y 方向の瞬間的な傾斜は 4 である。これも、x に 2 を代入した関数 $z=f(2,y)=4y$ の導関数に $y=3$ を代入した値と一致している。

(c) 45°度方向の瞬間的な傾斜

点 $A(2,3,12)$ における $\begin{pmatrix}\frac{1}{\sqrt{2}}\\\frac{1}{\sqrt{2}}\end{pmatrix}$ 方向の傾斜を調べる（このベクトルは長

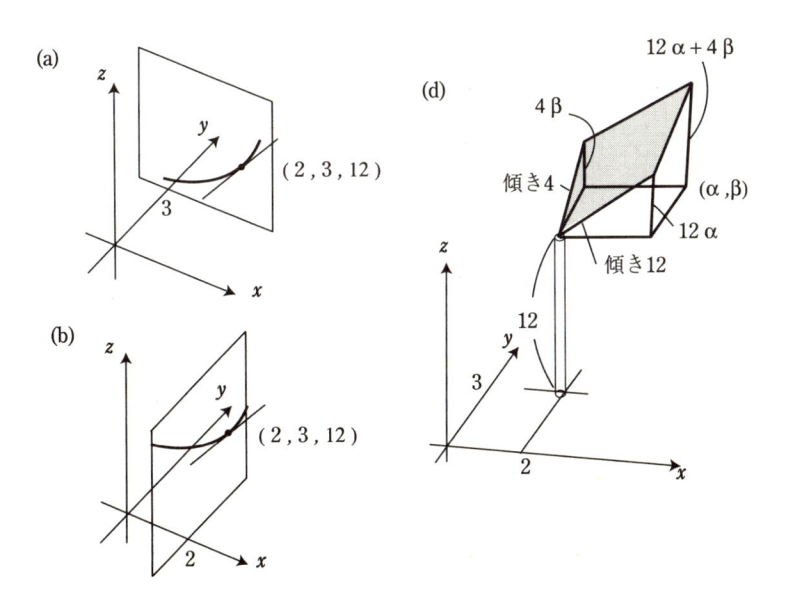

図 4-7

さ1の単位のベクトルである)。つまり、$\begin{pmatrix}\frac{1}{\sqrt{2}}\\ \frac{1}{\sqrt{2}}\end{pmatrix}$方向にちょっとだけ進んだときの高さの増加量を、進んだ分で割って倍率を出せばよい。

xy 平面上を $\varepsilon\begin{pmatrix}\frac{1}{\sqrt{2}}\\ \frac{1}{\sqrt{2}}\end{pmatrix}$ だけ進んだとき、点は距離 ε だけ離れた $\begin{pmatrix}2\\3\end{pmatrix}+\varepsilon\begin{pmatrix}\frac{1}{\sqrt{2}}\\ \frac{1}{\sqrt{2}}\end{pmatrix}=\begin{pmatrix}2+\frac{\varepsilon}{\sqrt{2}}\\3+\frac{\varepsilon}{\sqrt{2}}\end{pmatrix}$ まで進むから、高さの変化を測ると、

$$\frac{f\left(2+\frac{\varepsilon}{\sqrt{2}},3+\frac{\varepsilon}{\sqrt{2}}\right)-f(2,3)}{\varepsilon}=\frac{\left(2+\frac{\varepsilon}{\sqrt{2}}\right)^2\left(3+\frac{\varepsilon}{\sqrt{2}}\right)-12}{\varepsilon}$$

$$=\frac{\frac{16}{\sqrt{2}}\varepsilon+\frac{7}{2}\varepsilon^2+\frac{1}{2\sqrt{2}}\varepsilon^3}{\varepsilon}=\frac{16}{\sqrt{2}}+\frac{7}{2}\varepsilon+\frac{1}{2\sqrt{2}}\varepsilon^2 \xrightarrow{\varepsilon\to 0} \frac{16}{\sqrt{2}}$$

このように、どの方向の傾きを測るかによってその値は異なってくる。したがって、瞬間的傾斜あるいは微分係数にあたるものは、その方向に依存して定義されることになる。

そこで、任意の方向の瞬間的傾斜を計算してみることにしよう。

(d) ベクトル $\begin{pmatrix}\alpha\\\beta\end{pmatrix}$ の方向の瞬間的な傾斜

点 A$(2,3,12)$ における $\begin{pmatrix}\alpha\\\beta\end{pmatrix}$ 方向の傾斜を調べる(ただし $\begin{pmatrix}\alpha\\\beta\end{pmatrix}$ は単位ベクトル、つまり $\alpha^2+\beta^2=1$ とする)。xy 平面上を $\varepsilon\begin{pmatrix}\alpha\\\beta\end{pmatrix}$ だけ進んだとき、点は $\begin{pmatrix}2\\3\end{pmatrix}+\varepsilon\begin{pmatrix}\alpha\\\beta\end{pmatrix}=\begin{pmatrix}2+\varepsilon\alpha\\3+\varepsilon\beta\end{pmatrix}$ まで進むから、高さの変化を移動距離 ε で割ると、

$$\frac{f(2+\varepsilon\alpha,3+\varepsilon\beta)-f(2,3)}{\varepsilon}=\frac{(2+\varepsilon\alpha)^2\times(3+\varepsilon\beta)-12}{\varepsilon}$$

$$=\frac{(12\alpha+4\beta)\varepsilon+(3\alpha^2+4\alpha\beta)\varepsilon^2+\alpha^2\beta\varepsilon^3}{\varepsilon}$$

$$=(12\alpha+4\beta)+(3\alpha^2+4\alpha\beta)\varepsilon+\alpha^2\beta\varepsilon^2 \xrightarrow{\varepsilon\to 0} 12\alpha+4\beta$$

さて、この結果をどう見たらいいのだろうか。まず、α と β という、

考えている方向についての双1次関数という点に注目したい。その上、係数の 12 と 4 も見おぼえのある数である。そう、これは x 方向の瞬間的傾斜と y 方向の瞬間的傾斜である。つまり、

> [単位ベクトル $\begin{pmatrix} \alpha \\ \beta \end{pmatrix}$ の方向の瞬間的な傾斜]
>
> $= (x\text{ 方向の瞬間的傾斜}) \times \alpha + (y\text{ 方向の瞬間的傾斜}) \times \beta$

という形になっているわけである。

方向を決めた微分〜偏微分の意味

これはいったい何を意味しているのだろうか。

もう一度、双1次関数のところを見てみよう。双1次関数は平面を表していた。つまり、曲面 $z = x^2 y$ をベクトル $\begin{pmatrix} \alpha \\ \beta \end{pmatrix}$ の方向にちょっとだけ進むとき、上がる高さの分を距離1あたりで換算すると、それは平面 $z = 12x + 4y$ 上を同じ方向に進むときの上昇分と一致するのである（図 4-8）。

この意味をよく考えてみよう。

まず方向 $\begin{pmatrix} \alpha \\ \beta \end{pmatrix}$ を固定しておく。点 A におけるこの方向の瞬間的な傾斜が $12\alpha + 4\beta$ であるから、この方向に微小距離 ε だけ進むときの高さの増分 $\varDelta z$ は

$$\varDelta z \sim (12\alpha + 4\beta)\varepsilon \quad ①$$

と近似できる。このことは1変数の微分係数と全く同じである。

ところでこの進み方は xy 平面上をベクトル $\varepsilon \begin{pmatrix} \alpha \\ \beta \end{pmatrix} = \begin{pmatrix} \varepsilon\alpha \\ \varepsilon\beta \end{pmatrix}$ の分だけ進んだことと同じであるから、この x, y のわずかな増分 $\varDelta x, \varDelta y$ は

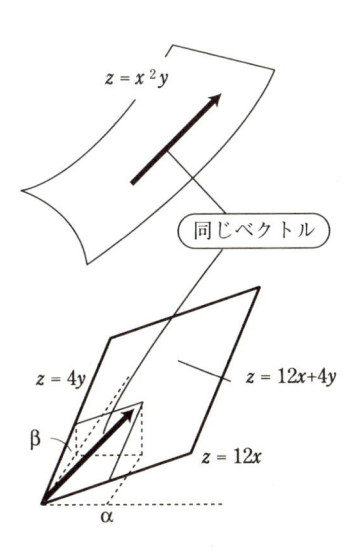

図 4-8

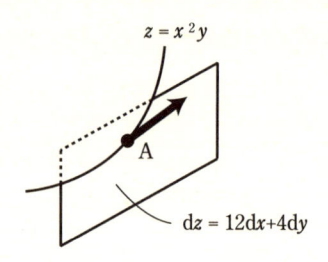

図 4-9

$$\begin{pmatrix} \Delta x \\ \Delta y \end{pmatrix} = \begin{pmatrix} \varepsilon\alpha \\ \varepsilon\beta \end{pmatrix}$$

となる。これを①に代入すれば

$$\Delta z \sim 12\varepsilon\alpha + 4\varepsilon\beta = 12\Delta x + 4\Delta y \qquad ②$$

が得られる。これは高さの増分Δzが、x方向の増分Δxとy方向の増分Δyの双1次関数で近似できることを意味しており、平面$z=12x+4y$を原点から点$(\alpha, \beta, 12\alpha+4\beta)$まで登る登り方と同一であることを意味している。

ここで方向$\begin{pmatrix}\alpha\\\beta\end{pmatrix}$を動かしてみよう。別の方向を選んでも得られる②式は同じである。だから点Aからどの方向に曲面上を進んでも近似的には平面$z=12x+4y$上を進むのと同じであるとわかる。つまり

$$\Delta z \sim 12\Delta x + 4\Delta y \qquad ③$$

は、点Aから曲面上を進むことをあらゆる方向に対して表現していることになる。この③式を理想化した

$$dz = 12dx + 4dy \qquad ④$$

は、点Aにおける曲面の高さの変化をx方向、y方向の変化によって評価したものであり、具体的には曲面における接平面の式となっている。ここでdxの係数12は、x方向に進むときの曲面の瞬間的傾斜である。こ

れを特別に

$$\frac{\partial f}{\partial x}$$

と書くことにする。∂ は「ラウンドディ」と読む。y を固定して x 方向のみの微分係数を表すので「偏微分係数」と呼ぶ。

$$\left[\frac{\partial f}{\partial x}\right]_{(x,y)=(2,3)}$$

は

$$\frac{f(2+\varepsilon,3)-f(2,3)}{\varepsilon}$$

の極限であり、あるいは $f(x,3)$ の $x=2$ における微分係数である。

dy の係数4も同様にして

$$\frac{\partial f}{\partial y}$$

と書く。そうしてみると③式は

$$dz = \left(\frac{\partial f}{\partial x}\right)dx + \left(\frac{\partial f}{\partial y}\right)dy \qquad ④$$

と表すことができる。これは曲面上を x 座標が dx、y 座標が dy 増える方向に進むとき、高さの増分 dz は

$$\left(\frac{\partial f}{\partial x}\right)dx + \left(\frac{\partial f}{\partial y}\right)dy$$

で計算されることを意味する式である。ことばで表現するなら

$$\binom{曲面の高さの}{増分} = \binom{x\,方向の}{偏微分係数} \times \binom{x\,方向の}{増分} + \binom{y\,方向の}{偏微分係数} \times \binom{y\,方向の}{増分}$$

ということになり、このことは一般の $f(x,y)$ で成立するのである。

つまり、x 方向の瞬間的傾斜と y 方向の瞬間的傾斜によってすべての方向の増分を計算できる仕組みなのである。

以上をまとめてみよう。

[偏微分についてのまとめ]

$z=f(x,y)$ の点 $A(a,b,f(a,b))$ における単位ベクトル $\begin{pmatrix}\alpha\\\beta\end{pmatrix}$（つまり $\alpha^2+\beta^2=1$ を満たす $\begin{pmatrix}\alpha\\\beta\end{pmatrix}$）方向の瞬間的傾斜は x 方向の瞬間的傾斜 $\dfrac{\partial f}{\partial x}$ と y 方向の瞬間的傾斜 $\dfrac{\partial f}{\partial y}$ を用いて

$$\frac{\partial f}{\partial x}\alpha+\frac{\partial f}{\partial y}\beta$$

と書ける。これは別の見方をすれば、x の増分が $\varDelta x$、y の増分が $\varDelta y$ のとき、f の増分 $\varDelta f = f(x+\varDelta x, y+\varDelta y)-f(x,y)$ が

$$\varDelta f \sim \frac{\partial f}{\partial x}\varDelta x+\frac{\partial f}{\partial y}\varDelta y$$

と近似的に表せるということである。

これを理想化した式

$$df=\frac{\partial f}{\partial x}dx+\frac{\partial f}{\partial y}dy$$

を全微分公式という。これは関数値の増分を変数 x,y の増分で表したものであり、具体的には接平面の式となる。以上において、$\dfrac{\partial f}{\partial x}$ は $\dfrac{f(x+\varepsilon,y)-f(x,y)}{\varepsilon}$ の極限である。$f(x,y)$ において y を固定して x についてのみ微分したものであり、x 方向の「偏微分係数」と呼ぶ。$\dfrac{\partial f}{\partial x}$ を関数としてとらえたものを x についての「偏導関数」という。$\dfrac{\partial f}{\partial y}$ についても同様である。

[練習問題27] 以下の関数で $\dfrac{\partial f}{\partial x}$ と $\dfrac{\partial f}{\partial y}$ をそれぞれ求めよ。

(1) $f(x,y)=x^2-2xy+3y^2$

(2) $f(x,y)=x^2\sin(x+y)$

[練習問題28] $f(x,y)=x^2-2xy+3y^2$ とする。

(1) 曲面 $z=f(x,y)$ 上の点 $(1,2,9)$ における接平面の式を求めよ。

(2) 曲面 $z=f(x,y)$ は、点 $(1,1)$ では高さは $z=2$ となる。同じ高さを保ったまま動くには、xy 平面上のどの方向に動けばいいか。

[練習問題29] コブ＝ダグラス関数 $Y=f(K,L)=K^{\frac{2}{3}}L^{\frac{1}{3}}$ について、

(1) $\dfrac{\partial f}{\partial K}$ と $\dfrac{\partial f}{\partial L}$ をそれぞれ計算せよ。

(2) $\dfrac{\partial f}{\partial K}K + \dfrac{\partial f}{\partial L}L$ を計算すると $f(K,L)$ に戻ることを確かめよ。

全微分公式を理解して、現象例に応用する

前項で解説した通り、

$$\Delta f \sim \frac{\partial f}{\partial x}\Delta x + \frac{\partial f}{\partial y}\Delta y$$

という近似式を理想化したものが、

$$df = \frac{\partial f}{\partial x}dx + \frac{\partial f}{\partial y}dy$$

である。これは、グラフ曲面上の点Aの近くの場所を（仮想的に）平面とみなして、その平面を双1次関数で表現したもので、接平面の式でもある。図4-10のように、曲面の1点のところをクローズアップした、空間に立てかかる平行四辺形をイメージすればよい。

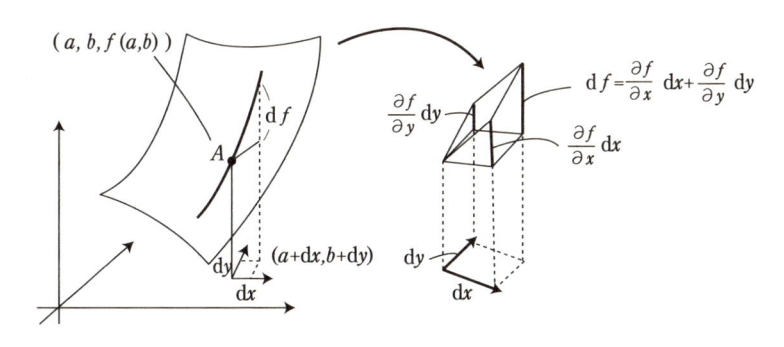

図4-10

これを「全微分公式」という。関数 f の全微分は、x 方向、y 方向の偏微分係数による双1次関数で表現される。

2変数関数の全微分の具体例を見てみよう。

> (例8)「気体の状態方程式」
> $$T = T(P, V) = PV$$

これは、圧力が P で、体積が V の気体の温度 T を計算する関数である（単位を変更して、係数が1になるように設定してある）。この全微分の式は、

$$dT = \frac{\partial T}{\partial P} dP + \frac{\partial T}{\partial V} dV$$

であり、$\frac{\partial T}{\partial P} = \frac{\partial (PV)}{\partial P} = V$、$\frac{\partial T}{\partial V} = \frac{\partial (PV)}{\partial V} = P$ であることから、

$$dT = VdP + PdV$$

が求める全微分である。この式を近似式に直すと、

$$\Delta T \sim V\Delta P + P\Delta V$$

であり、この式の意味するところは、圧力 P と体積 V が微小に変化すると、温度の変化が上の式で近似的に計算されることを表している。このことを数値例で見てみよう。

圧力が $P=2$、体積が $V=3$ のときの気体の温度は $T=6$ であるが、この状態から、圧力が $\Delta P = 0.03$、体積が $\Delta V = 0.01$ だけ増加したときの、温度の増加分は、全微分公式によって、

$$\Delta T \sim 3 \times 0.03 + 2 \times 0.01 = 0.11$$

であることが概算される。実際に計算すると、

$$\Delta T = (2+0.03)(3+0.01) - 2 \times 3$$
$$= 3 \times 0.03 + 2 \times 0.01 + 0.03 \times 0.01$$

さっきの全微分公式による概算との差は最後の項であるが、これは他に比べて塵のように小さいから、近似がうまくいっていることが確認できた。

[練習問題30] 全微分の式を作れ。
(1) $z = \dfrac{y}{x}$
(2) 円柱の体積 $V = \pi r^2 h$ （π は円周率）

[練習問題31] 重力加速度 g のもとでの長さ L の振り子の周期 T は、$T = 2\pi\sqrt{\dfrac{L}{g}}$ で与えられる（g は地表からの高さによって異なることが知られている）。
(1) T の全微分の式を作れ。
(2) L を1％長くし、g を2％小さくすると、T はおよそ何％大きくなるか。

極値を求める

以上で、2変数以上の関数へ微分を拡張することができた。すると、その応用として、当然1変数のときと同じく、極値条件を求めることができるであろう。

まず、1変数の場合の1階条件は

> **［極値の1階条件］**
> $f(x)$ が $x = a$ で極値を取るならば、$f'(a) = 0$

というものであった。なぜなら、極値では接線の傾きが0になっているはずだからである。これを2変数の関数に拡張してみるなら、$z = f(x, y)$ が点 A(a, b) で極値を取るならば、つまり、点 A のごくそばでは点 A が最大や最小になっているならば、点 A における接平面は水平になっているはずである（図4-11）。すると、x 方向に進んでも、y 方向に進んでも傾きは0であるから、

$$\frac{\partial f}{\partial x} = \frac{\partial f}{\partial y} = 0$$

である。

このことを別の観点から見てみよう。全微分公式、

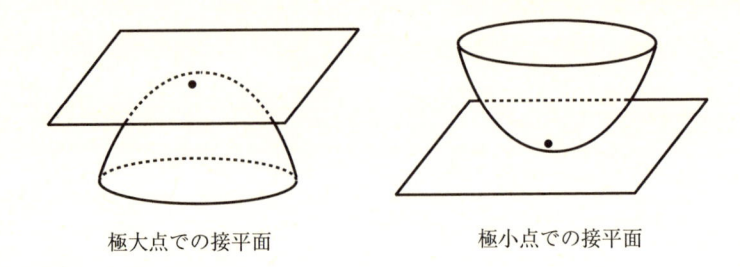

極大点での接平面　　　　　極小点での接平面

図 4-11

$$df = \frac{\partial f}{\partial x} dx + \frac{\partial f}{\partial y} dy$$

で、もしも、$\frac{\partial f}{\partial x} \neq 0$ ならば、x 方向では、f の値は増加状態か減少状態かであるので、x 方向へは斜め坂になっており、したがって山でも谷でもありえない。つまり、この点では極値にはなっていないはずである。$\frac{\partial f}{\partial y} \neq 0$ でも、y 方向において全く同じことがいえる。したがって、その点で極値を取っているのなら、$\frac{\partial f}{\partial x} = \frac{\partial f}{\partial y} = 0$ は必要不可欠な条件だといえる。

[多変数関数の極値の1階条件]

$z = f(x, y)$ が点 A(a, b) で極値を取るならば、点 A(a, b) における x の偏微分係数と y の偏微分係数はともに 0 である。すなわち

$$\frac{\partial f}{\partial x}(a, b) = \frac{\partial f}{\partial y}(a, b) = 0$$

1変数のときに注意したように、この1階条件は必要条件ではあるが十分条件ではない。この条件を満たしたからといって、極値だとはいえないのである。また、この条件だけでは極大なのか極小なのかの判別もできない。これらを調べるには「2階条件」が必要になるが、これはかなりのテクニックが必要なので、後回しにして先に進むことにする。

とはいっても、1つぐらい例を見ておこう。

(例9) $f(x,y)=x^2-4xy+5y^2+2x-6y+5$ の極値を求めよ。

極値の1階条件によって、

$$\frac{\partial f}{\partial x}=2x-4y+2=0, \quad \frac{\partial f}{\partial y}=-4x+10y-6=0$$

この連立方程式を解くと、$(x,y)=(1,1)$。よって、極点は（あるとすれば）、$(1,1)$であり、極値は $f(1,1)=3$ となる。

これが正しいことは、別の計算によって確認ができる。もとの式は

$$f(x,y)=(x-2y+1)^2+(y-1)^2+3$$

と変形でき、（実数の2乗）≥ 0 であるから、$f(x,y)\geq 0+0+3=3$。また、$f(x,y)=3$ は $x-2y+1=y-1=0$ のとき、つまり、ちょうど $(x,y)=(1,1)$ のときに成立するので、$f(x,y)$ は、$(x,y)=(1,1)$ のときに最小値3、すなわち極小値を取る。これはさっきの極値条件と一致している。

[練習問題32] 1階条件を満たす x、y を求めよ。
(1) $f(x,y)=x^2-2xy-y^2+3x-5y+1$
(2) $f(x,y)=x^4-4xy+2y^2$

全微分公式を陰関数の微分法に応用する

ここで、1変数関数と2変数関数のかかわりについて調べておこう。

xy 平面上の図形は、$y=f(x)$ という関数のグラフとしても表せるが、$g(x,y)=0$ という方程式のグラフとしても表される。例えば、$y=2x+3$ のグラフとなる直線は、方程式 $2x-y+3=0$ のグラフと捉えることができる。このように、グラフは関数のグラフと方程式のグラフと2種類があるが、ここで考えたいのは、方程式 $g(x,y)=0$ のグラフから関数 $y=f(x)$ を抽出することができるかどうかということである。

一般には、方程式のグラフと同じグラフをもつ関数を作ることはできな

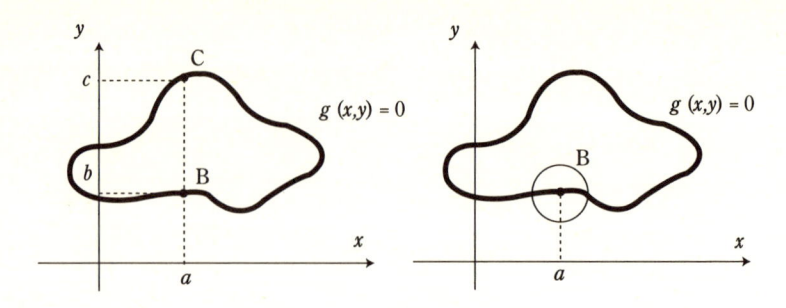

図 4-12

い（なお、関数とは1つの x に対し、1つの y が決まることである）。

例えば、図 4-12 を見ると、$g(x,y)=0$ のグラフを関数 $y=f(x)$ で実現しようとしても、$x=a$ に対してその関数値は b、c と 2 つあるので、x に対して1個の y という風に特定することができない。つまり、関数化することができないのである。しかし、グラフを点 B のごく近くにだけ限定すれば、x の値1つに対して、対応する y の値も1つに特定できるので、これは関数と捉えることができる。このように、領域を限定して、方程式のグラフから関数を抽出したものを「陰関数」という。これから見ていくのは、この陰関数の導関数がどういうものになるのかということである。

そこで具体例で考えてみよう。

$$x^2+y^2=1 \qquad ①$$

のグラフを考える。これはよくご存知のように、原点を中心とした、半径1の円となる。図 4-13 でわかるように、$x=\dfrac{3}{5}$ に対応するグラフ上の点は、$A\left(\dfrac{3}{5},\dfrac{4}{5}\right)$ と $B\left(\dfrac{3}{5},-\dfrac{4}{5}\right)$ の 2 点があるから、このままでは関数ではない。そこで、点 A から距離 0.5 以内、点 B から距離 0.5 以内にだけ領域を限定して、その部分のグラフだけを扱うことにする。そうすると、A のそばの部分のグラフは、$y=\sqrt{1-x^2}$ と表すことができ、点 B のそばの部分のグラフは、$y=-\sqrt{1-x^2}$ と表すことができる。これが陰関数である。

さて、この陰関数の導関数を求めるにはどうしたらよいのだろうか。ま

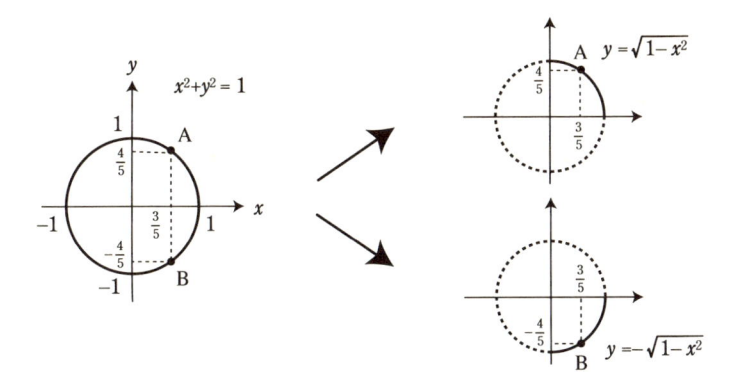

図 4-13

ず、この陰関数をこのまま真正直に微分してみよう。

$y=\sqrt{1-x^2}$ を微分すると、

$$\frac{dy}{dx}=\{\sqrt{1-x^2}\}'=\frac{1}{2\sqrt{1-x^2}}\times(1-x^2)'=-\frac{x}{\sqrt{1-x^2}}$$

やってみればわかるように、かなり煩雑な計算を強いられる。実は、これは工夫すれば、もうちょっと楽になる。

$y=f(x)=\sqrt{1-x^2}$ とおき、単位円の方程式に代入すれば、

$$x^2+f(x)^2=1$$

となるが、これはすべての x について満たされるはずであるから、これを両辺 x で微分し、合成関数の微分公式を使って、

$$2x+2f(x)f'(x)=0$$

これから、

$$f'(x)=-\frac{x}{f(x)}=-\frac{x}{\sqrt{1-x^2}}$$

とかなり簡単に求まる。しかし、これは単位円という具体的な関数の式だから簡単なのであって、一般の $g(x,y)=0$ でやるのはこんなに簡単ではない。そこで、そもそも方程式 $g(x,y)=0$ というのが、2変数関数

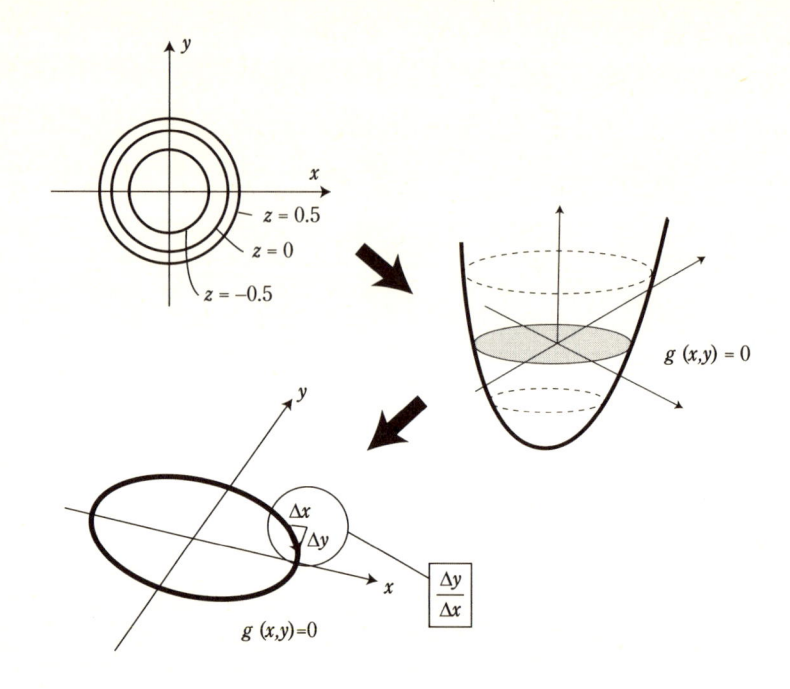

図 4-14

$g(x,y)$ によって作られていることに注目して、全微分を応用して陰関数の微分をやってみよう。

　まず、$x^2+y^2=1$ を 1 つの等高線とするような 2 変数関数 $z=g(x,y)$ を作る。これは、$g(x,y)=x^2+y^2-1$ とすればよい。このとき、定数 k に対して、$z=g(x,y)=x^2+y^2-1=k$ は等高線を表しており、これらは同心円となる（図 4-14）。我々が知りたいのは、この等高線を x から y への関数と見たときの導関数、つまり円周上をわずかに進むときの $\frac{\Delta y}{\Delta x}$ の極限としての $\frac{dy}{dx}$ である。

　ここで全微分の公式を持ち出そう。$z=g(x,y)$ に対して

$$\Delta z \sim \frac{\partial g}{\partial x}\Delta x + \frac{\partial g}{\partial y}\Delta y$$

これは、2 変数関数の高さとしての z の微小変化 Δz が、（近似的には） x の微小変化 Δx と y の微小変化 Δy の双 1 次関数で表されることを表した

式であった。ところで今、我々は、等高線 $0=g(x,y)$ に沿って進むわけであるから、xy 平面から昇りも降りもしない。だから、高さの微小変化 Δz は 0 としてよい。また、$z=g(x,y)=x^2+y^2-1$ であるから、$\frac{\partial g}{\partial x}=2x$、$\frac{\partial g}{\partial y}=2y$ である。これらを代入すると、

$$0 \sim 2x\Delta x + 2y\Delta y$$

となる。したがって、これから $\frac{\Delta y}{\Delta x}$ を解けば、

$$\frac{\Delta y}{\Delta x} \sim -\frac{x}{y}$$

この極限を取って、理想状態の式にすれば、

$$\frac{\mathrm{d}y}{\mathrm{d}x} = -\frac{x}{y} = -\frac{x}{\sqrt{1-x^2}}$$

と非常に簡単に導関数が求まることとなった。

これを一般化してみると以下のようになる。

方程式 $g(x,y)=0$ の陰関数の導関数を求めたい場合、$z=g(x,y)$ のグラフ上で $0=g(x,y)$ を等高線と考えて、その線に沿って全微分の式を処理する。

$$\Delta z \sim \frac{\partial g}{\partial x}\Delta x + \frac{\partial g}{\partial y}\Delta y$$

において、$\Delta z=0$ であるから、

$$\frac{\Delta y}{\Delta x} \sim -\frac{(\partial g/\partial x)}{(\partial g/\partial y)}$$

この極限を考えることで、

$$\frac{\mathrm{d}y}{\mathrm{d}x} = -\frac{(\partial g/\partial x)}{(\partial g/\partial y)}$$

これが求める導関数である。つまり陰関数の導関数は、偏導関数の比として表現されるわけである。

[陰関数の導関数の公式]

$g(x,y)=0$ の陰関数の導関数は、

$$\frac{dy}{dx} = -\frac{(\partial g/\partial x)}{(\partial g/\partial y)}$$

[練習問題 33] 次の陰関数の導関数 $\frac{dy}{dx}$ を x、y の式で求めよ。

$$x + y = e^{xy}$$

4.2. ラグランジュ乗数法

条件付きの極値問題を解く

　全微分公式の最も有効な応用例として、「条件付き極値問題」というものにチャレンジしてみよう。要するに、ただ単に関数の極値を求めるのではなく、変数の間に条件式を設定して、それを満たす下での極値を求める問題である。簡単な例をあげて説明しよう。

（例 10） $xy = 36$ を満たす x、y について、$2x + 3y$ の極値を求めよ。

　これは、$g(x, y) = xy - 36$、$f(x, y) = 2x + 3y$ とおけば、
「$g(x, y) = 0$ のもとで、$f(x, y)$ の極値を求めよ」
という形の問題であることがわかる。この一般化した問題を解くのが本項の目標であるが、とりあえずはこの具体的な例題で解説していこう。

　まず、最もわかりやすい解法を先に見て答えだけは出しておくことにする。

　$xy = 36$ の条件から、陰関数を $y = \dfrac{36}{x}$ としてしまって代入し、

$$2x + 3y = 2x + \frac{108}{x}$$

これを $h(x)$ とおき、微分すると

$$h'(x) = 2 - \frac{108}{x^2} = \frac{2(x^2 - 54)}{x^2}$$

したがって、1階条件は $x=\pm\sqrt{54}$ となり ($y=\pm\sqrt{24}$)、表 4-1 から $(\sqrt{54},\sqrt{24})$ と $(-\sqrt{54},-\sqrt{24})$ はともに極点となる。

確かにこの問題の場合は、このように簡単に解けるが、一般に陰関数は簡単には $y=f(x)$ の形にならないし、また変数や条件式がもっとたくさんあるとこれでは太刀打ちできない。したがって、もっと融通の利く方法を編み出さなければならないのである。

表 4-1

x		$-\sqrt{54}$		(0)		$\sqrt{54}$	
h'	+	0	−		−	0	+
h	↗		↘		↘		↗

それを全微分の知識を使って、実に巧みにやってのけるのが、「ラグランジュ乗数法」という方法なのである。以下、それを丁寧にかつ直感に訴えるように解説するが、これにはベクトルの知識が動員されるので、忘れてしまった人は本書の姉妹書『ゼロから学ぶ線形代数』で復習してほしい。

さて、問題は $g(x,y)=xy-36=0$ の条件のもとで、$z=f(x,y)=2x+3y$ の極値を求めることである。$z=f(x,y)=2x+3y$ は空間で曲面（この場合は平面）を描くのであるから、この問題は、xy 平面上の $g(x,y)=xy-16=0$ の双曲線（等高線）の上空にある $z=f(x,y)=2x+3y$ のグラフ内の曲線における極点（つまり小高い丘、あるいは小低い窪地）を求める問題、ということになる（そもそも $g(x,y)=0$ の条件がないと極値は存在しない）。

求める極点を xy 平面上に落とした点を $A^*(x^*,y^*,0)$ とし、極点そのものを $B^*(x^*,y^*,f(x^*,y^*))$ とする（図 4-15）。

これは、等高線 $g(x,y)=xy-36=0$ 上を動く点が A^* を通過する瞬間、その上空では $z=f(x,y)=2x+3y$ 内の曲線が谷底あるいは山頂になっていることを意味している。動点 B は等高線 $g(x,y)=xy-36=0$ 上（$z=$ 一定）を動いているので、全微分公式

$$dz=\frac{\partial g}{\partial x}dx+\frac{\partial g}{\partial y}dy$$

において、$dz=0$ である。つまり、

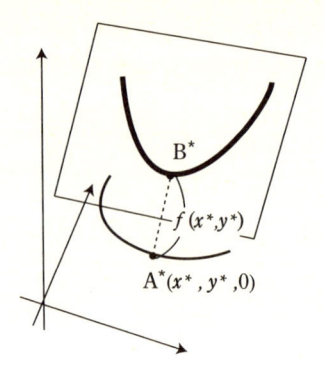

図 4-15

$$0 = \frac{\partial g}{\partial x} dx + \frac{\partial g}{\partial y} dy \quad \text{①}$$

が成立する。これは、高さ $g(x,y)$ が変化しないことを表現している式である。$g(x,y) = xy - 36$ であるから、$\frac{\partial g}{\partial x} = y$, $\frac{\partial g}{\partial y} = x$ であり、よって A^* では

$$0 = y^* dx + x^* dy \quad \text{②}$$

が成立する。この意味は、例えば $xy - 36 = 0$ 上の点 $(4,9)$ にいるとした場合、等高線からはずれないように動くためには、$0 = 9 dx + 4 dy$ の方向、つまり、座標の増分 (dx, dy) が $(4, -9)$ の方向に（あるいは、$(9,4)$ と垂直な方向に）なるように動くということである。

また、動点が点 A^* を通過するとき、②を満たすように動いている場合、B^* が極点となることから、高さ $z = f(x,y)$ についても $dz = 0$ となり、A^* において、

$$0 = dz = \frac{\partial f}{\partial x} dx + \frac{\partial f}{\partial y} dy$$

が成立するはずである。ここで $\frac{\partial f}{\partial x} = 2$, $\frac{\partial f}{\partial y} = 3$ であるから、

$$0 = 2 dx + 3 dy \quad \text{③}$$

すなわち、極値を取る点 A^* においては、動点が②を満たすように動いて

いるその方向(dx, dy)が、③も同時に満たさなければならない、とわかったわけである。

さて、②をベクトルの内積で表現すると、

$$\begin{pmatrix} y^* \\ x^* \end{pmatrix} \cdot \begin{pmatrix} dx \\ dy \end{pmatrix} = 0$$

となる。これは、2つのベクトル、(dx, dy)と(y^*, x^*)が直交することを意味する式である。③も内積表示すると、

$$\begin{pmatrix} 2 \\ 3 \end{pmatrix} \cdot \begin{pmatrix} dx \\ dy \end{pmatrix} = 0$$

となる。これは、2つのベクトル(dx, dy)と$(2, 3)$が直交することを意味する。

平面上のベクトル(y^*, x^*)と$(2, 3)$がともに動点の動こうとしている方向(dx, dy)に直交するのであるから、(y^*, x^*)と$(2, 3)$は平行でなければならない（図4-16）。そうすると、ベクトルの延長関係から

$$\lambda \begin{pmatrix} y^* \\ x^* \end{pmatrix} = \begin{pmatrix} 2 \\ 3 \end{pmatrix}$$

が成立することになる（λはギリシャ語のラムダ）。

これによって、

$$(\lambda x^*, \lambda y^*) = (3, 2)$$

となる。

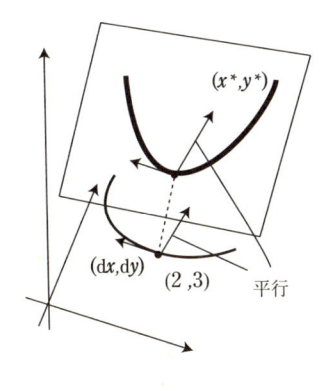

図4-16

(x^*, y^*) は $g(x,y)=xy-36=0$ のグラフ上の点であるから、$x^*y^*=36$ を満たすので、これに代入すると、$\frac{6}{\lambda^2}=36$ から $\lambda=\pm\sqrt{\frac{1}{6}}$ と求まり、極点(の候補者)は、$(\sqrt{54}, \sqrt{24})$ と $(-\sqrt{54}, -\sqrt{24})$ となる。

　以上のような方法を、「ラグランジュ乗数法」という。ここでラグランジュ乗数とは、計算の途中で出てきた λ の呼び名である。この解説は多少厳密性に欠けるのだが、最も直感に訴え、イメージを喚起しやすい方法、そして本質的な考え方として採用した。

ラグランジュ乗数法はなんてみごとなアイデアだろう

　この方法をもう一度振り返りながら、一般化してみよう。いま、「制約条件 $g(x,y)=0$ のもとで、$f(x,y)$ の極値を求めよ」という問題に出会ったとする。このとき、極値の1階条件を巧みな手続きで求めるのがラグランジュ乗数の方法である。

　まず極値の点を $A^*(x^*, y^*)$ として、この点の上の、関数 $z=f(x,y)$ の曲面上の極点を $B^*(x^*, y^*, f(x^*, y^*))$ とする。

　xy 平面上の制約条件を表すグラフ $g(x,y)=0$ 上を移動する動点が A^* を通過する瞬間のことを考えよう。グラフ $g(x,y)=0$ を関数 $z=g(x,y)$ の $z=0$ の等高線と考えれば、この動点は高さが変化しないから、高さの変位 dg は 0 である。全微分公式より

$$0 = \frac{\partial g}{\partial x}dx + \frac{\partial g}{\partial y}dy \qquad ①$$

となる。

　また、この動点が等高線上を動いているもとで関数 $z=f(x,y)$ は点 A^* で極値を取るのであるから、高さの変位 df は 0 である。したがって、全微分の公式より

$$0 = \frac{\partial f}{\partial x}dx + \frac{\partial f}{\partial y}dy \qquad ②$$

となる。

　①、②は、動点が A^* を通過する瞬間の移動方向を表すベクトル (dx, dy) に対する「内積$=0$」という形の直交条件を表しており、

$$\begin{pmatrix} \dfrac{\partial g}{\partial x} \\ \dfrac{\partial g}{\partial y} \end{pmatrix} \cdot \begin{pmatrix} \mathrm{d}x \\ \mathrm{d}y \end{pmatrix} = 0 \qquad\qquad ③$$

$$\begin{pmatrix} \dfrac{\partial f}{\partial x} \\ \dfrac{\partial f}{\partial y} \end{pmatrix} \cdot \begin{pmatrix} \mathrm{d}x \\ \mathrm{d}y \end{pmatrix} = 0 \qquad\qquad ④$$

と書き直すと、2つのベクトル$\begin{pmatrix} \dfrac{\partial g}{\partial x} \\ \dfrac{\partial g}{\partial y} \end{pmatrix}$と$\begin{pmatrix} \dfrac{\partial f}{\partial x} \\ \dfrac{\partial f}{\partial y} \end{pmatrix}$とが、ともに同一のベクトルと直交していることを表している。ということは、この2つのベクトルは互いに平行になっているはずであるから、

$$\begin{pmatrix} \dfrac{\partial f}{\partial x} \\ \dfrac{\partial f}{\partial y} \end{pmatrix} = \lambda \begin{pmatrix} \dfrac{\partial g}{\partial x} \\ \dfrac{\partial g}{\partial y} \end{pmatrix} \qquad\qquad ⑤$$

が成立することになる。これと、もともとの制約条件

$$g(x, y) = 0$$

を両方満たす(x^*, y^*)が、極点の候補になるのである。

この計算をもっと使い勝手のよいものにするために、⑤の式を2つに切り離してみよう。

$$\dfrac{\partial f}{\partial x} - \lambda \dfrac{\partial g}{\partial x} = 0 \qquad\qquad ⑥$$

$$\dfrac{\partial f}{\partial y} - \lambda \dfrac{\partial g}{\partial y} = 0 \qquad\qquad ⑦$$

両式の左辺は、よく眺めてみると、次のような関数を偏微分したものである。

$$L(x, y, \lambda) = f(x, y) - \lambda g(x, y)$$

x で偏微分したものが⑥の左辺であり、y で偏微分したものが⑦の左辺である。しかも、好都合なことに、λ で偏微分をすると制約条件 $g(x,y)=0$ が得られる。つまり、我々の欲しかった制約条件付きの極値問題の1階条件は、次のような3つの「偏導関数＝0」という連立方程式に集約されるわけである。

[ラグランジュ乗数法の1階条件]

$L(x,y,\lambda)=f(x,y)-\lambda g(x,y)$ に対して、$\dfrac{\partial L}{\partial x}=\dfrac{\partial L}{\partial y}=\dfrac{\partial L}{\partial \lambda}=0$

これがラグランジュ乗数法の公式である。ここでこの手法のいったい何が画期的なのかをご説明しよう。

単に関数 $z=f(x,y)$ の極値を求めるのだったら、接平面が水平になっている場所を探せばいい。それは x 方向に進んでも y 方向に進んでも瞬間的傾斜が0であるような場所であるから、$\dfrac{\partial f}{\partial x}=\dfrac{\partial f}{\partial y}=0$ が単純に1階条件となる。しかし、制約条件 $g(x,y)=0$ のもとで関数 $z=f(x,y)$ の極値を求めるのだと、ことはそう単純ではない。制約条件 $g(x,y)=0$ を満たす曲線の上では、$z=f(x,y)$ のグラフは空間にたてかかる曲線となるから、その極点は必ずしも接平面が水平になる場所ではないのである。しかし、λ という新しい変数を導入し、$L(x,y,\lambda)=f(x,y)-\lambda g(x,y)$ という新しい3変数関数を作れば、求める極値を取る点は、制約条件なしの場合と同じく、3つの変数 x と y と λ を独立な変数として扱って、その偏導関数がそれぞれ0となる、という計算に帰着されるわけである。要するに、制約条件付き極値問題が、制約のない極値問題に転換されるのである。これは実に使い勝手がよい。

[練習問題34] 制約条件 $g(x,y)=x^2+y^2-1=0$ のもとで、$f(x,y)=2xy$ の極値を求めよ。

ラグランジュ乗数法の拡張

さて、このラグランジュ乗数法を本当の意味で理解するためには、以下

の拡張版を解くのが一番であろう。

> **(例11)** 2つの制約条件 $g(x,y,z)=0$ と $h(x,y,z)=0$ のもとで、$w=f(x,y,z)$ の極値を求める方法を予想し、それを導出せよ。

例えば、$g(x,y,z)=0$ が球面を表し、$h(x,y,z)=0$ が平面を表すなら、この2つの制約を満たす点は空間に浮かぶ円周である。この円周上の点たちに対して、$w=f(x,y,z)$ を計算したときの極値を求める計算法を編み出すわけである。

それではやってみよう。

$g(x,y,z)=0$ と $h(x,y,z)=0$ の制約条件の両方を満たす点の集まりの描く図形を C としよう。C 上を動点が動くとき、$w=f(x,y,z)$ は点 A^* (x^*,y^*,z^*) で極値を取るとする。動点は、曲面 $g(x,y,z)=0$ から離れないように C 上を動くので、$g(x,y,z)=0$ を等高線（面）と捉えるなら、全微分の公式によって、

$$0=\frac{\partial g}{\partial x}\mathrm{d}x+\frac{\partial g}{\partial y}\mathrm{d}y+\frac{\partial g}{\partial z}\mathrm{d}z \qquad ①$$

同様にして、$h(x,y,z)=0$ に対しても

$$0=\frac{\partial h}{\partial x}\mathrm{d}x+\frac{\partial h}{\partial y}\mathrm{d}y+\frac{\partial h}{\partial z}\mathrm{d}z \qquad ②$$

また、点 A^* を通る瞬間、関数 $w=f(x,y,z)$ は極値を取るので、①、②を満たす方向 $(\mathrm{d}x,\mathrm{d}y,\mathrm{d}z)$ の向きに動点が動くかぎりその方向における w の変位は0である。したがって、①、②を満たす瞬間的増分 $(\mathrm{d}x,\mathrm{d}y,\mathrm{d}z)$ に対してやはり全微分の公式から

$$0=\frac{\partial f}{\partial x}\mathrm{d}x+\frac{\partial f}{\partial y}\mathrm{d}y+\frac{\partial f}{\partial z}\mathrm{d}z \qquad ③$$

が成立する。

以上①、②、③より、

$$\begin{pmatrix}\frac{\partial g}{\partial x}\\ \frac{\partial g}{\partial y}\\ \frac{\partial g}{\partial z}\end{pmatrix}\perp\begin{pmatrix}dx\\ dy\\ dz\end{pmatrix}\quad ④,\quad \begin{pmatrix}\frac{\partial h}{\partial x}\\ \frac{\partial h}{\partial y}\\ \frac{\partial h}{\partial z}\end{pmatrix}\perp\begin{pmatrix}dx\\ dy\\ dz\end{pmatrix}\quad ⑤$$

を満たす方向 (dx, dy, dz) に対しては、

$$\begin{pmatrix}\frac{\partial f}{\partial x}\\ \frac{\partial f}{\partial y}\\ \frac{\partial f}{\partial z}\end{pmatrix}\perp\begin{pmatrix}dx\\ dy\\ dz\end{pmatrix}\quad ⑥$$

が満たされなければならないことがわかる。④、⑤は、

$\begin{pmatrix}dx\\ dy\\ dz\end{pmatrix}$ という方向が、$\begin{pmatrix}\frac{\partial g}{\partial x}\\ \frac{\partial g}{\partial y}\\ \frac{\partial g}{\partial z}\end{pmatrix}$ と $\begin{pmatrix}\frac{\partial h}{\partial x}\\ \frac{\partial h}{\partial y}\\ \frac{\partial h}{\partial z}\end{pmatrix}$ との張る平面の法線方向であること

を意味していて、⑥は、

$\begin{pmatrix}\frac{\partial f}{\partial x}\\ \frac{\partial f}{\partial y}\\ \frac{\partial f}{\partial z}\end{pmatrix}$ がその法線方向 $\begin{pmatrix}dx\\ dy\\ dz\end{pmatrix}$ と垂直であることを意味するので、結局、ベ

クトル $\begin{pmatrix}\frac{\partial f}{\partial x}\\ \frac{\partial f}{\partial y}\\ \frac{\partial f}{\partial z}\end{pmatrix}$ は、$\begin{pmatrix}\frac{\partial g}{\partial x}\\ \frac{\partial g}{\partial y}\\ \frac{\partial g}{\partial z}\end{pmatrix}$ と $\begin{pmatrix}\frac{\partial h}{\partial x}\\ \frac{\partial h}{\partial y}\\ \frac{\partial h}{\partial z}\end{pmatrix}$ の張る平面上の乗っかっているベクト

ルということになる。ところで、平面上の任意のベクトルはその平面上の平行でない2つのベクトルの1次結合で表わされるので、λ, η を係数として、

$$\begin{pmatrix} \dfrac{\partial f}{\partial x} \\ \dfrac{\partial f}{\partial y} \\ \dfrac{\partial f}{\partial z} \end{pmatrix} = \lambda \begin{pmatrix} \dfrac{\partial g}{\partial x} \\ \dfrac{\partial g}{\partial y} \\ \dfrac{\partial g}{\partial z} \end{pmatrix} + \eta \begin{pmatrix} \dfrac{\partial h}{\partial x} \\ \dfrac{\partial h}{\partial y} \\ \dfrac{\partial h}{\partial z} \end{pmatrix} \qquad ⑦$$

と表すことができる。これを偏導関数の1階条件に仕立てるには、

$$L(x,y,z,\lambda,\eta) = f(x,y,z) - \lambda g(x,y,z) - \eta h(x,y,z)$$

という新しい関数を作って（η はギリシャ語のイータ）、1階条件を

$$\frac{\partial L}{\partial x} = \frac{\partial L}{\partial y} = \frac{\partial L}{\partial z} = \frac{\partial L}{\partial \lambda} = \frac{\partial L}{\partial \eta} = 0$$

とすればよい。最初の3つが⑦式を表し、後の2つが制約条件を表すのである。

ラグランジュ乗数の意味がわかる現象例

　前の項で、制約条件付き極値問題を解くために、ラグランジュ乗数法というものを解説した。これは、涙が出るほどすばらしい方法なのだが、ここで1つわからないことが残っている。それは計算の途中で出てくるラグランジュ乗数 λ が、具体的に何を表すのかいまひとつ曖昧であるということだ。

　そこで、本項では、制約条件付き極値問題の現象例を紹介し、しかもその例の中で、ラグランジュ乗数 λ のもつ役割を解説することにしよう。紹介する分野は、経済学である。

　こんな例を考えてみよう。

　今、労働者と機械と両方を用いて生産する製品があるとして、労働者を x 単位、機械を y 単位用いると、

$$q = g(x,y) = xy$$

単位の製品が生産できるとする。この関数は $g=(x,y)=(x^{\frac{1}{2}}y^{\frac{1}{2}})^2$ と書けるから、これは以前紹介したコブ＝ダグラス生産関数に類似したものであ

る。注意したいのは、製品を作るのに、いろいろな生産方法があるということである。労働者をたくさん使って機械をあまり使わなくても、逆に労働者を少なく機械をたくさん使っても、同じ量の製品が製造できる。だから問題になるのは、労働者と機械にかかる費用である。

そこで、労働者には1単位あたり2万円、機械には1単位あたり3万円の費用がかかるとしよう。このとき、製品を $q=g(x,y)=xy$ 単位だけ作るのにかかる総費用は $2x+3y$ 万円ということになる。

さて、ここで考えたいのは、作る製品の量を固定して、かかる費用を最小化する問題である。つまり問題は、

$g(x,y)=xy$ が一定値 q、という制約条件のもとで、$f(x,y)=2x+3y$ の最小値を求める

というものである。生産する製品の量を $q=36$ とおくと、そのまま前項で解説した例題となる。

では、この問題を経済学の流儀で考えてみよう。

図4-17のように、費用を表す関数 $f(x,y)=2x+3y$ の等高線が、図中の平行な直線たちであり、右上に行くと高く、左下に行くと安くなる。平面上の $q=xy$ の曲線の上を動点が動くとき、一番安い等高線を通る瞬間をみつければ、それが求める問題の解である。例えば、図4-18（左）の等高線は求めるものではない。なぜなら、動点が矢印の方向に動けば、もっと安い等高線の上に乗るからである。このことを考えれば、求める等高線は図4-18（右）のように、$q=xy$ の接線になる場合だと容易にわかる

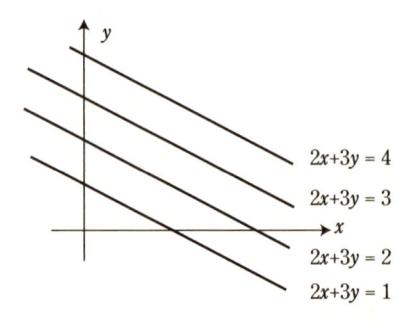

図4-17

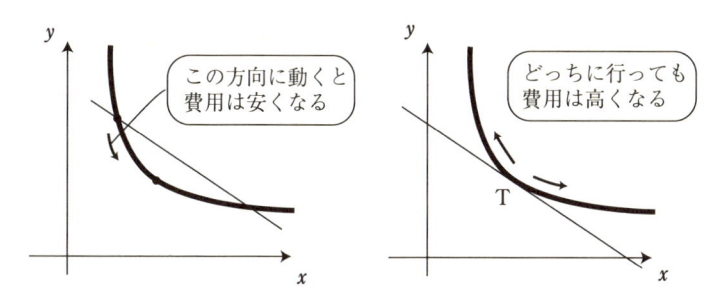

図 4-18

であろう。この点にいれば、どっちの方向に動いても高い等高線に乗らなくてはならないからである。

したがって、求める等高線は $q=xy$ と接している。すると $q=xy$ 上を動く動点が接点 $T(x^*, y^*)$ を通る瞬間、動点の動きは等高線の向きへの移動であることから、$f(x,y)=2x+3y$ の値は増えも減りもせず、$df=0$ となるので、

$$0 = 2dx + 3dy$$

を満たす。もちろん、xy の値も q のまま変化しないので、全微分の

$$0 = y^* dx + x^* dy$$

も満たされる。この2つの式はラグランジュ乗数法で出てきたものと全く同じであり、これがラグランジュ乗数法の経済学的な解釈である。ここまでを踏まえて、とりあえず答えはラグランジュ乗数法を使って解いてしまうことにしよう。

$$L(x, y, \lambda) = 2x + 3y - \lambda(xy - q)$$

とおいて、各変数で偏微分してそれを 0 とおく。

$$\frac{\partial L}{\partial x} = 2 - \lambda y = 0, \quad \frac{\partial L}{\partial y} = 3 - \lambda x = 0, \quad \frac{\partial L}{\partial \lambda} = -(xy - q) = 0$$

最初の2つから x、y を λ で表して、3番目の式に代入すると、正の解を与える λ は

$$\lambda = \sqrt{\frac{6}{q}}$$

となり、解 x、y を求めると、

$$(x^*, y^*) = \left(\sqrt{\frac{3q}{2}}, \sqrt{\frac{2q}{3}}\right)$$

となる。したがって、かかる費用の最小値（$C(q)$ とおこう）は、

$$C(q) = 2x + 3y = 2\sqrt{6}\sqrt{q}$$

となる。これは、製品を q 単位作ろうと決めたとき、労働者と機械をいろいろな使い方で作る中で、経済的に最小化された費用である。企業は当然これを生産計画に選ぶであろう。

さて、ここで、企業が生産量を現在の q からちょっとだけ増やそうと計画したとしよう。そのとき、生産のためにかかる費用はどのくらい増えるであろうか。

$$dC = C'(q)\,dq$$

であるから、生産量の増加分の $C'(q)$ 倍だけ増えると考えてよい。ところで

$$C'(q) = \{2\sqrt{6}\sqrt{q}\}' = \sqrt{\frac{6}{q}}$$

である。驚くべきことに、これはまさに上で求めた λ そのものではないか。ということは、生産量をちょっとだけ増やそうと考えた場合、かかる費用は 1 単位の生産量増加に換算してちょうど λ 万円だけ増える、ということになる。これがラグランジュ乗数 λ の、経済学的な意味づけなのである。

企業は生産量を微小量だけ増やそうと計画したとき、必ずしも今の労働者と機械を比例的に増やそうとは考えないであろう。再び、各費用を考慮に入れて、費用が最小になるような労働者量と機械量に調整するであろう。それを考慮して最適化した上で増える費用が、まさに（生産 1 単位に対して）λ 万円というわけなのだ。これは、生産要素（機械と労働

のコスト関係も考慮に入れた上での費用であり、生産にかかるシャドウプライスと呼ばれている。ラグランジュ乗数 λ とは、経済学においては、シャドウプライスのことなのである。

このことは、この特殊な例でだけ成立することではなく、一般に成立する。一般的な証明を以下に紹介するが、多少難しいので興味のない読者は飛ばして読み進めても、今後に差し支えることはない。

［証明］

さて、$z=f(x,y)$ の、制約条件 $g(x,y)=q$（q は定数）のもとでの極値を z^* とする。このとき z^* は q によって決まるので q の関数であるが、この制約の値 q を変化させたときの極値 z^* の変化の極限値 $\dfrac{dz^*}{dq}$ こそがラグランジュ乗数 λ になる。

このことは以下のように証明される。

$$L = f(x,y) - \lambda(g(x,y) - q)$$

とおこう。これは x、y、λ、q を変数とする関数である。この4変数関数の全微分を作ろう。

$$dL = \frac{\partial L}{\partial x}dx + \frac{\partial L}{\partial y}dy + \frac{\partial L}{\partial \lambda}d\lambda + \frac{\partial L}{\partial q}dq$$

ここで、各偏導関数を実際に $L=f(x,y)-\lambda(g(x,y)-q)$ から計算すると、

$$dL = \left(\frac{\partial f}{\partial x} - \lambda\frac{\partial g}{\partial x}\right)dx + \left(\frac{\partial f}{\partial y} - \lambda\frac{\partial g}{\partial y}\right)dy$$
$$+ (-g(x,y)+q)d\lambda + \lambda dq \qquad ①$$

となる。これは、今いる位置からどんな方向に動いても常に成立する式である。さて、z が制約条件のもとで極値を取るような x、y を x^*、y^* とし、そのときのラグランジュ乗数を λ^*、極値を z^* としよう。ラグランジュ乗数法から、

$$\frac{\partial L}{\partial x} = \frac{\partial L}{\partial y} = \frac{\partial L}{\partial \lambda} = 0$$

である。これらに L の式を代入すると

$$\frac{\partial f}{\partial x} - \lambda \frac{\partial g}{\partial x} = 0, \quad \frac{\partial f}{\partial y} - \lambda \frac{\partial g}{\partial y} = 0, \quad -g(x,y) + q = 0 \qquad ②$$

したがって、①式にこの解 x^*、y^*、λ^*、z^* を代入すると、

$$dL(x^*, y^*, \lambda^*, q) = 0\, dx + 0\, dy + 0\, d\lambda + \lambda^* dq \qquad ③$$

が成立する。ところで、

$$L(x^*, y^*, \lambda^*, q) = f(x^*, y^*) - \lambda^*(g(x^*, y^*) - q)$$

であるが、さっきの連立方程式②の3番目の式から $g(x^*, y^*) - q = 0$ となり、しかも極値が $f(x^*, y^*) = z^*$ であるから、

$$L(x^*, y^*, \lambda^*, q) = f(x^*, y^*) = z^*$$

となる。これを③に代入すれば、

$$dz^* = \lambda^* dq$$

これはまさに $\dfrac{dz^*}{dq} = \lambda^*$ を意味しているからつまりは、一般的な結果が得られたわけだ。

青空ゼミナール

ラグランジュ乗数法のココロ

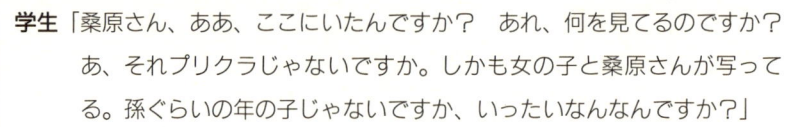

学生「桑原さん、ああ、ここにいたんですか？ あれ、何を見てるのですか？ あ、それプリクラじゃないですか。しかも女の子と桑原さんが写ってる。孫ぐらいの年の子じゃないですか、いったいなんなんですか？」

桑原「まあ、気にするなって。んで、わたしを探してたんじゃないのか」

学生「あ、そうそう、そうでした。桑原さんのおかげで微分積分の勉強がすごく面白くなってきたのですが、どうも『ラグランジュ乗数法』の計算が何をやってるのか、ちょっとわかりにくいものですから、教えていただこうと思いまして」

桑原「うーん、キミもなかなか高度なことに関心を持つようになったな。偉く

学生「お誉めいただいてありがとうございます。$g(x,y)=0$ のもとで、$f(x,y)$ の極値を求めたいときに作る $L(x,y)=f(x,y)-\lambda g(x,y)$ という関数がナニモノなんだか、よくわからないんです」

桑原「なるほど。確かに、取ってつけたような感じで唐突に出現するからな。まあ、こんな風に考えてみたらいい。
『ただ単に、$f(x,y)$ の極値を求めるために、x の偏微分係数と y の偏微分係数が両方 0 になる x、y を求めても、それは制約条件 $g(x,y)=0$ を満たすものではない』」

学生「それはそうですねぇ」

桑原「そこで、$g(x,y)=0$ の等高線からはずれると、1 あたり λ の料金の罰金を科す、と宣言をするわけじゃ」

学生「ああ、$\lambda g(x,y)$ を引くのは、罰金の支払いの意味なんですね」

桑原「そうじゃ。$f(x,y)$ の極値を探しているものは、$z=f(x,y)$ のグラフの山や谷に向かって行きたい、という誘惑と、しかし、$g(x,y)=0$ の等高線からはずれて払う罰金の痛みとの、板挟みとなる。そこで、等高線 $g(x,y)=0$ の上を進んで罰金を支払わないようにしながら、$f(x,y)$ の小高い場所や小低い場所を探そう、となるわけじゃ」

学生「そうか、それはとてもわかりやすいたとえ話ですね。でも、罰金 λ のイメージがもうひとつはっきりしないなぁ」

桑原「ではこう考えてみよう。$z=f(x,y)$ の描く曲面をナントカ山と名づけよう。そして、そのナントカ山に山道があって、それは、$g(x,y)=0$ を満たす点 (x,y) の上にあたる山の表面の点を集めた山道『甲』とするのじゃ。我々が知りたいのは、この山道『甲』で一番高いところにある場所 A である」

学生「要するに、制約条件によって、通れる山道が決まってしまうということですね」

桑原「そうじゃ。今、山道『甲』を歩く人で、とにかく高い場所に行きたい人を考えてみよう。とりあえず、この人は、山道『甲』の最上点 A にたどりつくじゃろう。しかし、この人は A にとどまらず、山道『甲』を

はずれて、もっと高いところに登っていってしまうだろうから、罰金を科すことにする」

学生「その人も災難だなあ」

桑原「まあ、そういうな。さて、$g(x,y)$の数値が1大きくなるたびに、λの罰金を科すことにしよう。つまり、山道『甲』$g(x,y)=0$からはずれて、$g(x,y)=k$を満たす山道に移った場合、λkの罰金を徴収されるわけだ。ここで、この人を点Aにとどめるには、課金の単位λは絶妙の値に設定しなければならない。λが小さいと、罰金を支払ってでも高いところに登った方が得になるし、λが大きいと、むしろ$g(x,y)=k$が小さくなる（マイナスの）方向、つまり、山道『甲』より低い山道に移動して、高さ$f(x,y)$の低くなる分を『マイナスの罰金』、要するに『ごほうび金』で埋め合わせた方が得となる」

学生「お金を取るか、満足感を取るか、難しい問題ですね」

桑原「とすれば、このどちらでもない絶妙のλに罰金を設定すると、山道『甲』から上にずれても下にずれても、損害が出るようになる。上に行くと、高さが上がって嬉しいけれど、罰金が取られ、結局損になり、下に行くと、マイナスの罰金としての報酬があるが、高さが下がって嬉しくないので差し引き損となる、そういう風に設定できる。こう設定すると、山道『甲』の方向だけでなく、どの方向に移動するのも損となるので、その人はその点Aで立ち止まってしまう。この点Aが、通常の極点となるわけだ」

学生「なるほど。山道のたとえで、かなりわかってきました。あとは、そのλが何であるかですね？」

桑原「λは$g(x,y)=k$から、プラスの方向にずれることも、マイナスの方向にずれることも、損になるように設定するので、経済学の言葉を使うなら、局所的には（限界的には）『利益が無差別になる』そういう値なのじゃな」

学生「ひえー、経済か。やさしく説明してください」

桑原「おお、わかった。無差別になる、というのはどういうことかというと、$g(x,y)$の値が仮想的に1単位変わるだけ高い山道に動くと高さは上が

るが、罰金によって、結局、点Aにいるのと満足の度合いがぜんぜん変わらない。そんな料金だ。無差別でなければ、登るか降るかする方が得だ、ってことじゃからな」

学生「なるほど、それで一般的な極点になるわけだ」

桑原「そういうλをいくらに設定すればいいかは、じっくりと考えればわかるのじゃ。$g(x,y)=k$の表す山道『乙』に移動することで、罰金はλkだけ取られるが、この山道『乙』の最高点Bのところまで登った分までは得をできる。だから、B点への移動がA点のままでいることと無差別（同じ）になるためには、1あたり量λを、この罰金と得とがつりあうように設定すればいいわけなんじゃ。そうすれば、人は点Aにとどまるだろう。そうしてλは、点Bと点Aの$f(x,y)$の値の差をkで割った分に設定しておけばいい」

学生「そうか、それがシャドウプライスというやつなんですね。制約$g(x,y)=0$をkだけゆるめたとき$f(x,y)$を最適化したままで移動したときの変化値、つまり制約条件を$g(x,y)=k$にしたときの$f(x,y)$の極値z^*をkで微分したものがラグランジュ乗数λになる、これは、この山道での損得の無差別性を考えるとよくわかりますね」

4.3. 多変数の合成関数

まずは連鎖律公式の感触をつかむ

第1章では、1変数関数の合成関数の微分公式を解説した。それは、$h(x)=g(f(x))$という関数に対して、微分公式は、

$$h'(x)=g'(f(x))f'(x)$$

というものであり、$z=h(y), y=f(x)$と2段階に分離すれば、

$$\frac{dz}{dx}=\left[\frac{dz}{dy}\right]\left[\frac{dy}{dx}\right]$$

という風に記述でき、この意味は、平行座標軸で理解するとわかりやすか

った。図 4-19 を見ればわかるように、$f'(x)$ とは、Δx が Δy に拡大・縮小されるその倍率であり、$g'(y)$ は、Δy が Δz に拡大・縮小されるその倍率である。Δx、Δy、Δz がみな 0 に近いとき、$\Delta y \sim f'(x) \Delta x$ と $\Delta z \sim g'(y) \Delta y$ となり、前者を後者に代入すれば、$\Delta z \sim g'(y) f'(x) \Delta x$ となるだけの話であった。

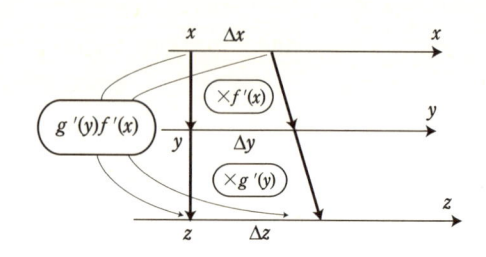

図 4-19

このことを多変数の全微分公式に拡張することはできるだろうか。実はほとんど同じやり方で容易に拡張することができる。

まず、最も基本になるものから解説してみよう。2 変数関数 $z = f(x, y)$ に対して、x も y も変数 t の関数だとしよう。

$$x = p(t), \quad y = q(t)$$

とすると、t が決まると x も y も決まり、それを $f(x, y)$ に代入すれば z も決まるから、z は f を経由して決まる t の関数ということになる。これは、平面上の動点の時刻 t によるパラメーター表示に対して、各点における温度を、直接ある時刻の温度として捉えるようなケースを思い浮かべればよい。

このように z を t の関数として捉えるとき、微分係数 $\dfrac{dz}{dt}$ はどうなるだろうか（これは偏導関数ではなく、普通の導関数であることに注意）。これを $z = f(x, y)$ の偏導関数と $x = p(t), y = q(t)$ の導関数とを利用して計算したいわけである。そのためには、さっきのように単純に各変数の変化の関係を作ってみればよい。

関数 $z = f(x, y)$ の変化を x と y の変化で評価してみると、

$$\Delta z \sim \frac{\partial f}{\partial x}\Delta x + \frac{\partial f}{\partial y}\Delta y \qquad ①$$

次に $x=p(t), y=q(t)$ の変動を t の変動で評価してみると、

$$\Delta x \sim \frac{dp}{dt}\Delta t, \quad \Delta y \sim \frac{dq}{dt}\Delta t \qquad ②$$

②を①に代入すると、

$$\Delta z \sim \frac{\partial f}{\partial x}\frac{dp}{dt}\Delta t + \frac{\partial f}{\partial y}\frac{dq}{dt}\Delta t$$

$$= \left(\frac{\partial f}{\partial x}\frac{dp}{dt} + \frac{\partial f}{\partial y}\frac{dq}{dt}\right)\Delta t$$

となる。これは z の変動が t の変動の何倍で表されるか、その倍率を表しているので、つまりは $\frac{dz}{dt}$ を表していることになる。したがって、

$$\frac{dz}{dt} = \frac{\partial f}{\partial x}\frac{dp}{dt} + \frac{\partial f}{\partial y}\frac{dq}{dt}$$

となる。これが、求めている答えである。これを「連鎖律公式 (chain rule)」という。導く過程を理解すれば、非常に単純な、そしてたいへん自然な考え方で導出されていることが納得できるであろう。

―――――――――――――――――――――――――――――――

［連鎖律公式 chain rule］

$z=f(x,y), x=p(t), y=q(t)$ に対して、

$$\frac{dz}{dt} = \frac{\partial f(x,y)}{\partial x}\frac{dp(t)}{dt} + \frac{\partial f(x,y)}{\partial y}\frac{dq(t)}{dt}$$

あるいは

$$\frac{dz}{dt} = \frac{\partial z}{\partial x}\frac{dx}{dt} + \frac{\partial z}{\partial y}\frac{dy}{dt}$$

―――――――――――――――――――――――――――――――

では、連鎖律公式の感触をつかむために具体的な計算例を見てみよう。

(例 12) $z=f(x,y)=x^2 y$、$x=p(t)=t^2$、$y=q(t)=t^3$ のとき、dz/dt を求めよ。

この z を t の関数として直接書くと、

$$z = f(x,y) = x^2 y = (t^2)^2 t^3 = t^7$$

であるから、

$$\frac{dz}{dt} = (t^7)' = 7t^6$$

となる。一方、これを連鎖律公式で計算すると、

$$\frac{dz}{dt} = \frac{\partial z}{\partial x}\frac{dx}{dt} + \frac{\partial z}{\partial y}\frac{dy}{dt} = (2xy)(2t) + (x^2)(3t^2)$$
$$= (2t^2 t^3)(2t) + (t^2)^2(3t^2) = 7t^6$$

確かに同じになっている。

[練習問題 35] $z = x^2 + y^2$, $x = p(t)$, $y = q(t)$ のとき

(1) $\dfrac{dz}{dt}$ を $x = p(t)$、$y = q(t)$ で表せ。

(2) $x = p(t) = \cos t$、$y = q(t) = \sin t$ として (1) に代入せよ。

(3) $z = x^2 + y^2$ に $x = p(t) = \cos t$, $y = q(t) = \sin t$ を代入することで、(2) を再確認せよ。

[練習問題 36] $f(x,y)$ はすべての t, p, q に対して、
$$f(tp, tq) = t f(p, q)$$
が成立するとする。このような関数 $f(x,y)$ を 1 次同次式という(練習問題 29 のコブ=ダグラス関数は 1 次同次式の例である)。

(1) 左辺 $f(tp, tq)$ を $g(t)$ とおいて、$\dfrac{dg}{dt}$ を連鎖律公式で求めよ。

(2) $\dfrac{\partial f}{\partial x}x + \dfrac{\partial f}{\partial y}y = f(x,y)$ を証明せよ。

いもづる式に多変数の合成関数の微分公式

では、この「連鎖律公式」を利用して、一般の多変数関数の合成関数の微分公式を作ってみよう。わかりやすくするために 1 つの例を扱うにと

どめる。

 時刻 t が定まると、点 $(x(t), y(t))$ が定まるとする。これは数直線から平面への関数であり、時々刻々と動いている人間を想像すればいい。次に、点 $(x(t), y(t))$ が定まると、平面上の別の点 $(f(x,y), g(x,y))$ が定まるとする。例えば、人間が動くと同時に動く人間の影の頭の先っぽなどを想像すればいい。そうすると、もちろん、影の動きは時刻 t の関数として表せ、

$$(z, w) = (f(x(t), y(t)), g(x(t), y(t)))$$

という合成関数で記述できる（非常に複雑である）。これに対して、z や w の全微分公式はどんな風になるだろうか。これはいまや全くやさしいことである。連鎖律公式をそれぞれに使えばいい。

 まず、$z = f(x(t), y(t))$ に対して連鎖律公式を使って、

$$\frac{dz}{dt} = \frac{\partial z}{\partial x}\frac{dx}{dt} + \frac{\partial z}{\partial y}\frac{dy}{dt}$$

次に $w = g(x(t), y(t))$ に対して連鎖律公式を使って、

$$\frac{dw}{dt} = \frac{\partial w}{\partial x}\frac{dx}{dt} + \frac{\partial w}{\partial y}\frac{dy}{dt}$$

である。この2つを縦に並べて、それを行列の表現で表すと、

$$\begin{pmatrix} \dfrac{dz}{dt} \\ \dfrac{dw}{dt} \end{pmatrix} = \begin{pmatrix} \dfrac{\partial z}{\partial x} & \dfrac{\partial z}{\partial y} \\ \dfrac{\partial w}{\partial x} & \dfrac{\partial w}{\partial y} \end{pmatrix} \begin{pmatrix} \dfrac{dx}{dt} \\ \dfrac{dy}{dt} \end{pmatrix}$$

となる。これは、同じ関数の各変数による偏導関数を横に並べ、各関数の同じ変数による偏導関数を縦の並べて作った行列である。このような行列を一般に「微分行列」と呼ぶことにしよう。左辺も右辺の2つ目もともに 2×1 タイプの微分行列となる。そうすると、これらの微分行列に対して、

$$\begin{pmatrix} (z,w) \text{を } t \text{ の関数} \\ \text{と捉えたときの} \\ \text{微分行列} \end{pmatrix} = \begin{pmatrix} (z,w) \text{を } (x,y) \text{ の} \\ \text{関数と捉えたとき} \\ \text{の微分行列} \end{pmatrix} \times \begin{pmatrix} (x,y) \text{を } t \text{ の関数} \\ \text{と捉えたときの} \\ \text{微分行列} \end{pmatrix}$$

という法則が成立しているのがわかる。特に、真ん中の行列

$$\begin{pmatrix} \dfrac{\partial z}{\partial x} & \dfrac{\partial z}{\partial y} \\ \dfrac{\partial w}{\partial x} & \dfrac{\partial w}{\partial y} \end{pmatrix}$$

は、応用上非常に重要な行列であり、このような 2×2 行列（一般には $n\times n$ 行列）は特に「ヤコビ行列」と呼ばれている。

2変数のテーラー展開と2階条件

　第3章で、一般の関数を無限次の多項式として表現するテーラー展開というものを解説した。それを受けて本項では2変数のテーラー展開を紹介しておこう。ここでも第3章と同じく、収束性の議論には一切目をつぶるものとする。

　2変数関数 $f(x,y)$ を2変数の多項式で表現するには、どういう多項式を用意すればいいであろうか。

$$f(x,y) = a_0 + a_{10}x + a_{01}y + a_{20}x^2 + a_{11}xy + a_{02}y^2 + \cdots \quad \text{①}$$

という風に、x と y のあらゆる次数の積の和として表現するのが自然であろう。1変数の場合に、順次微分して係数を決めたように、ここでも順次偏微分していって、係数を決めることにしよう。

　①に $x=0, y=0$ を代入し、

$$f(0,0) = a_0$$

次に①を x で偏微分すると

$$\dfrac{\partial}{\partial x} f = a_{10} + 2a_{20}x + a_{11}y + \cdots \quad \text{②}$$

これに $x=0, y=0$ を代入し、

$$\frac{\partial f}{\partial x}(0,0) = a_{10}$$

また、①を y で偏微分すると、

$$\frac{\partial}{\partial y}f = a_{01} + a_{11}x + 2a_{02}y + \cdots \qquad ③$$

これに $x=0, y=0$ を代入し、

$$\frac{\partial f}{\partial y}(0,0) = a_{01}$$

さらに②をもう一度 x で偏微分すると、

$$\frac{\partial}{\partial x}\left(\frac{\partial}{\partial x}f\right) = 2a_{20} + \cdots$$

これに $x=0, y=0$ を代入し、

$$\frac{1}{2}\frac{\partial^2 f}{\partial x^2}(0,0) = a_{20}$$

同じように、③を y で偏微分して $x=0, y=0$ を代入すれば、

$$\frac{1}{2}\frac{\partial^2 f}{\partial y^2}(0,0) = a_{02}$$

さらに、③を今度は x で偏微分し、$x=0, y=0$ を代入すれば、

$$\frac{\partial}{\partial x}\frac{\partial}{\partial y}f(0,0) = \frac{\partial^2 f}{\partial x \partial y}(0,0) = a_{11}$$

以上によって、2変数関数のテーラー展開の2次の項までが解明された。

[2変数関数のテーラー展開]

$$f(x,y) = f(0,0) + \frac{\partial f}{\partial x}(0,0)x + \frac{\partial f}{\partial y}(0,0)y$$

$$+ \frac{1}{2}\frac{\partial^2 f}{\partial x^2}(0,0)x^2 + \frac{\partial^2 f}{\partial x \partial y}(0,0)xy + \frac{1}{2}\frac{\partial^2 f}{\partial y^2}(0,0)y^2 + \cdots$$

さて、この2変数関数のテーラー展開を利用して、2変数関数の2階

条件を考えてみよう。2階条件とは、極値が極大値となるか、極小値となるかを判定する条件である。

$f(x,y)$が$(x,y)=(0,0)$で極値をとるとき、その1階条件は

$$\frac{\partial f}{\partial x}(0,0)=\frac{\partial f}{\partial y}(0,0)=0$$

であった。これをテーラー展開に代入すると、近似式として

$$f(x,y) \sim f(0,0)+\frac{1}{2}\left(\frac{\partial^2 f}{\partial x^2}x^2+2\frac{\partial^2 f}{\partial x \partial y}xy+\frac{\partial^2 f}{\partial y^2}y^2\right)$$

という2次式が得られる。この2次式の性質を調べれば、極大・極小の判別ができるわけである。

そこで$g(x,y)=px^2+2qxy+ry^2$という2次関数を調べる。ここで、

$$p=\frac{\partial^2 f}{\partial x^2}(0,0), \quad q=\frac{\partial^2 f}{\partial x \partial y}(0,0), \quad r=\frac{\partial^2 f}{\partial y^2}(0,0)$$

である。pが0でない場合を考えよう。$g(x,y)$は

$$g(x,y)=p\left(x+\frac{q}{p}y\right)^2+\frac{pr-q^2}{p}y^2$$

と変形できる（いわゆる平方完成）。

ここで、$p>0$ かつ $pr-q^2>0$ の場合は、図4-20(a)のように、$g(x,y)$の等高線は楕円になる。だから、$(0,0)$は極小点とわかる。

一方、$p<0$ かつ $pr-q^2>0$ の場合は、図4-20(b)のように、反対に$(0,0)$は極大点とわかる。

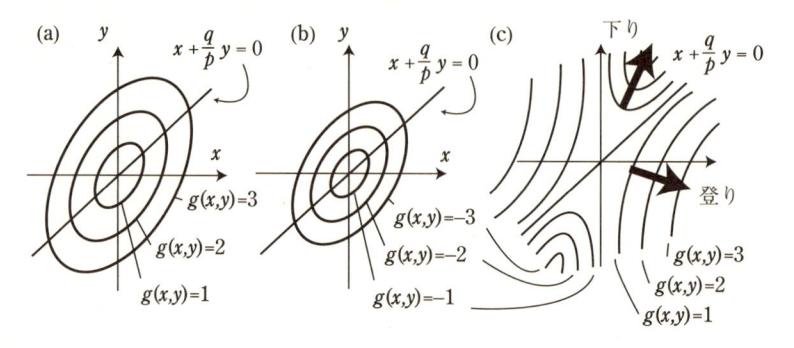

図 4-20

$p>0$ かつ $pr-q^2<0$ の場合は、図 4-20(c) のように、$g(x,y)$ の等高線は双曲線となる。遠くに行くと、高さが下がる方向と、上がる方向があるので、$(0,0)$ は極点ではない。他の場合は、自分で確かめてみて欲しい。

ところで、ここで出てきた $pr-q^2$ は、テーラー展開にとって何の意味があるのであろうか。実はこれは、行列

$$\begin{pmatrix} \dfrac{\partial^2 f}{\partial x^2} & \dfrac{\partial^2 f}{\partial x \partial y} \\ \dfrac{\partial^2 f}{\partial x \partial y} & \dfrac{\partial^2 f}{\partial y^2} \end{pmatrix}$$

の行列式

$$\frac{\partial^2 f}{\partial x^2} \frac{\partial^2 f}{\partial y^2} - \left(\frac{\partial^2 f}{\partial x \partial y} \right)^2$$

である。このように極値条件は、テーラー展開を経由して、微積分を線形代数と融合させる役割をしている。高度な理論に行けば行くほど、微積分と線形代数は一体化する。その理由は、本書の初めにも書いたように、この2つの理論が1次関数の2方向の発展形だからである。

[練習問題 37] 練習問題 32 と同じ関数について、極値をとる (x,y) を求め、それが極大値か極小値かを判定せよ。
(1) $f(x,y) = x^2 - 2xy - y^2 + 3x - 5y + 1$
(2) $f(x,y) = x^4 - 4xy + 2y^2$

青空ゼミナール

暗記は損だ

学生「桑原さん、桑原さん、聞いてください!」
桑原「何をそんなに息を切らしているんじゃ?」
学生「いやあ、偏微分と微分が入り混じった公式のことです。先生が今日講義したんですが、もう、みんなわけわかんなくなって教室がざわついちゃ

って……」

桑原 「それにしちゃあ、キミは嬉しそうじゃな」

学生 「そうなんです。ぼくはわかっちゃったものですから」

桑原 「なーんじゃ、そういうことか。どの公式のことじゃ？」

学生 「ほら、

$$\frac{dz}{dt} = \frac{\partial z}{\partial x}\frac{dx}{dt} + \frac{\partial z}{\partial y}\frac{dy}{dt}$$

って公式ですよ」

桑原 「ほほう、連鎖律の公式じゃな。みんなはなんで面くらっているんじゃ」

学生 「そりゃ、偏微分と微分が入り混じってるからですよ。友達なんか、頭がクラクラするっていうんです。笑っちゃいます」

桑原 「なるほど、みんなはどう混乱しとるわけじゃ？」

学生 「1変数のときに

$$\frac{dz}{dx} = \frac{dz}{dy}\frac{dy}{dx}$$

という公式がありましたけど、これって約分すればもとに戻るから覚えやすいじゃないですか。ところが偏微分のときは、この手が使えません。それを勘違いすると、

$$\frac{dz}{dt} = \frac{\partial z}{\partial x}\frac{dx}{dt} + \frac{\partial z}{\partial y}\frac{dy}{dt}$$

の右辺は、dx や dy などを約分してしまうと、$\frac{dz}{dt} + \frac{dz}{dt}$ となってしまいます。これでは右辺の $\frac{dz}{dt}$ にはなりません」

桑原 「うん、確かにそうじゃな。しかし、それのどこが間違いか、きみにはわかるのかな」

学生 「はい、もちろん。まず、ラウンドディとディで、記号が違うのですから、そもそも約分はできません。∂x と dx は違う記号なんです。それから、全微分の式の意味をきちんとわかっていれば、そんな形式的な計算はできないはずです。
1変数の微分の場合は、$\frac{\varDelta z}{\varDelta y}$ と $\frac{\varDelta y}{\varDelta x}$ という2つの拡大率をかけ合わせているのだから、約分できて不思議はない。しかし、2変数の場合の全

　　　　微分の式はそもそも平面を表しているので、単純に拡大率を掛け合わせ
　　　　たもの、というわけではありません。ですから約分はできません」
桑原「よしよし、よくわかっておるな。それできみはどういう教訓を得たのじ
　　　　ゃな？」
学生「はい、それは、「暗記は百害あって一利なし」ということです。意味を
　　　　つかんでいれば、そもそも暗記なんて必要ないですし、暗記するとかえ
　　　　って本質を見失うことになります」
桑原「『暗記というのは、将来を暗くすること』。やっとそういうことがわかっ
　　　　たわけじゃな。なかなか成長したものじゃな。わはは」

第5章
重積分のすごさを読んで、解いて、わかる

とうとう最終章

1変数の微分は、偏微分という形で2変数以上の微分に自然に拡張された。それでは、1変数の積分も自然な形で多変数の積分に拡張できるのであろうか。

もちろんできる。それには2通りの道筋があり、1つは重積分、もう1つは線積分である。しかも、この2つはたいへん美しい公式によって結びついている。さらに、両方とも物理学（特に電磁気学）をやる上で欠かすことのできない道具である。

本書では、このうち重積分の方を解説することにしよう。重積分は、1変数のときのリーマン和の方法をそのまま多変数に移植すればよい。

5.1. 小学生からの重積分

2変数の場合のリーマン和と重積分

1変数の場合、リーマン和とは、x軸上の区間$a \leq x \leq b$を細かい区間に分割し、各微小区間上から適当な代表点を選び、その点におけるグラフの高さを1辺とする微小長方形を作り、その面積の合計をしたものである。これは、曲がった図形の面積もどきを表すもの、ということであった。この考え方を2変数に拡張するには、全く同じことをやればよい。

まず、2変数関数$z = f(x, y)$とxy平面上の長方形Kがあるとする。K

は $a \leq x \leq b$, $c \leq y \leq d$ で表される範囲である。この長方形を小長方形に分割するのだが、それは以下のように各座標を区切って行う。

$$a = x_0 < x_1 < \cdots < x_{n-1} < x_n = b$$
$$c = y_0 < y_1 < \cdots < y_{m-1} < y_m = d$$

このように長方形 K を格子模様に区切り、$m \times n$ 個の長方形を作るわけである。図 5-1 のように各長方形に左下から番号づけしていって、右に i 番目、上に j 番目の小長方形を K_{ij} と番号づけすることにしよう。

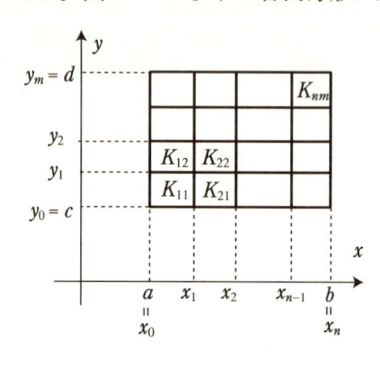

この長方形内のどこでもいいから 1 点 $P_{ij} = (p_i, q_j)$ を代表点として選ぶ。小長方形 K_{ij} を底面とし、この代表点での関数値 $f(P_{ij})$ を（符号つき）高さとする直方体の（符号つき）体積を集めたものをリーマン和 V と呼ぶことにする。

図 5-1

$$V = f(P_{11})(x_1 - x_0)(y_1 - y_0) + f(P_{21})(x_2 - x_1)(y_1 - y_0)$$

$$+ f(P_{12})(x_1 - x_0)(y_2 - y_1)$$

$$+ \cdots + f(P_{nm})(x_n - x_{n-1})(y_m - y_{m-1})$$

$$= \sum_i \sum_j f(P_{ij})(x_i - x_{i-1})(y_j - y_{j-1})$$

これは、もうおわかりだと思うが、グラフの曲面と長方形 K に挟まれる部分の（符号つき）近似体積と考えられ、小長方形 K_{ij} による分割をどんどん細かくしていったときの極限として（符号つき）体積を定義するわけである（図 5-2）。

関数 $z = f(x, y)$ が長方形 K 上で連続関数であるなら、リーマン和 V は、長方形 K の分割の仕方や代表点の取り方によらず、同じ値に収束す

ることが1変数の場合と同様に証明されている。その極限を関数 $z=f(x,y)$ の長方形 K 上での「重積分」と呼び、

$$\iint_K f(x,y)\,dxdy$$

と書く。x と y という、2重の積分の形なので重積分と呼ぶ。もうここまで読んできた読者には明白だと思われるが、$\iint$ は、$\sum\sum$ を丸くして理想化を表した記号、$dxdy$ は、$\Delta x \Delta y$ を丸くして理想化を表した記号である。

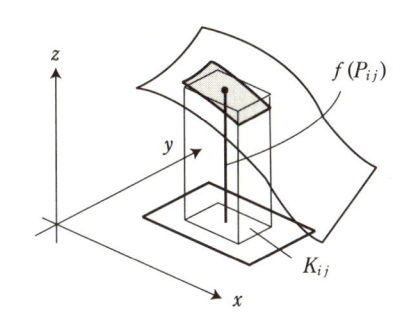

図 5-2

ここで定義したのは、xy 平面上の長方形 K に対する重積分であったが、これを xy 平面上の一般の図形 D 上の重積分に拡張するのは簡単である。

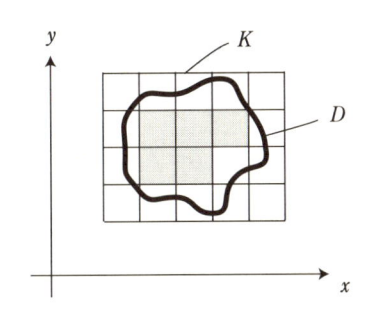

図 5-3

まず、D をまるまる包み込む長方形 K を作る。次に K を微小長方形に細分する。そして、小長方形 K_{ij} の中で D の内部にまるまる収まっているものだけを選び、それらによってリーマン和を作る(図5-3)。その極限を D 上の重積分と定義して、

$$\iint_D f(x,y)\,dxdy$$

と書くことにするのである。

[練習問題38] $f(x,y)=1$ のとき、領域 D における重積分

$$\iint_D f(x,y)\,dxdy$$

は何を計算していることになるか。

簡単な計算例を見てみよう

重積分の感覚に慣れていただくために、簡単な計算例をお見せしよう。

(例1) 双1次関数 $z=f(x,y)=2x+4y$ の、
長方形 $K(0\leq x\leq 1, 0\leq y\leq 2)$ 上での重積分
$$I=\iint_K (2x+4y)\,dxdy$$
を求めてみよう。

これはとりあえず、底面が長方形 K で上面が斜めの平行四辺形であるような立体の体積を求めることを意味している（図5-4）。

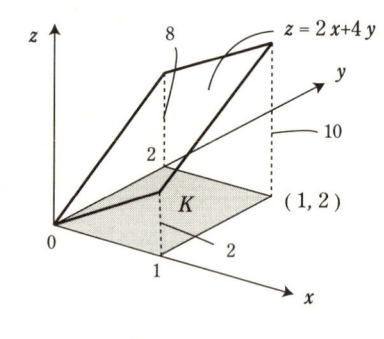

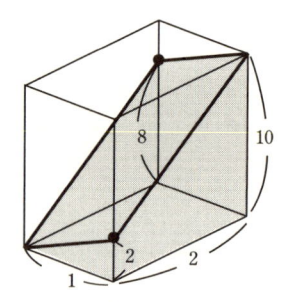

図 5-4   　　　　　図 5-5

(解1) まず、小学生風に図形的に体積を求めてしまっておこう。

求める立体は、図5-5のように直方体を平面で切断して2等分したものであるから、体積は直方体の半分となる。

$$I = 1 \times 2 \times 10 \div 2 = 10$$

(解2) リーマン和を具体的に計算する。

区間 $0 \leq x \leq 1$ を n 等分して

$$x_0=0,\ x_1=\frac{1}{n},\ x_2=\frac{2}{n},\ \cdots,\ x_{n-1}=\frac{(n-1)}{n},\ x_n=\frac{n}{n}$$

と区切り、区間 $0 \leq y \leq 2$ を m 等分して

$$y_0 = 0, \ y_1 = \frac{2}{m}, \ y_2 = \frac{4}{m}, \ \cdots, \ y_{m-1} = \frac{2(m-1)}{m}, \ y_m = \frac{2m}{m}$$

と区切り、$n \times m$ 個の小長方形を作る。代表点 $P_{ij} = (p_i, q_j)$ は、長方形の右上の頂点 (x_i, y_j) に選ぶ。

リーマン和 V は各長方形の横の辺の長さが $1/n$、縦の辺の長さが $2/m$ であることから、

$$V = \sum_{i,j}(2x_i + 4y_j)\frac{1}{n}\frac{2}{m} = \sum_{\substack{1 \le i \le n \\ 1 \le j \le m}}\left(2\frac{i}{n} + 4\frac{2j}{m}\right)\frac{1}{n}\frac{2}{m}$$

これを i について先に集計し、そのあとで j について集計することにする。

下から第 j 番目の列に並ぶ小長方形 $K_{1j}, \ K_{2j}, \cdots K_{nj}$ について集計しよう。

$$\left(2\frac{1}{n} + 8\frac{j}{m}\right)\frac{2}{nm} + \left(2\frac{2}{n} + 8\frac{j}{m}\right)\frac{2}{nm} + \cdots + \left(2\frac{n}{n} + 8\frac{j}{m}\right)\frac{2}{nm}$$

$$= \frac{2}{nm}\left\{2\frac{1+2+\cdots+n}{n} + 8\frac{j}{m} \times n\right\} = \frac{2}{nm}\left\{(n+1) + \frac{8n}{m}j\right\}$$

次にこれを縦 (j) 方向に集計しよう。

$$\frac{2}{nm}\left[\left\{(n+1) + \frac{8n}{m} \times 1\right\} + \left\{(n+1) + \frac{8n}{m} \times 2\right\} + \right.$$
$$\left. \cdots + \left\{(n+1) + \frac{8n}{m} \times m\right\}\right]$$

$$= \frac{2}{nm}\left[(n+1)m + \frac{8n}{m}(1+2+\cdots+m)\right]$$

$$= \frac{2}{nm}\left[(n+1)m + 4n(m+1)\right]$$

したがって、リーマン和は、

$$V = \frac{2}{nm}\left[(n+1)m + 4n(m+1)\right] = 2\left(1 + \frac{1}{n}\right) + 8\left(1 + \frac{1}{m}\right)$$

このあと n、m を大きくして、分割を細かくしていけば、極限は $2+8=10$ に近づく。これが重積分の値であり、さっき小学生風に求めた体積とも一致している。

$$\iint_K (2x+4y)\,dxdy = 10$$

累次積分は便利

　前項の例では、長方形をまず x 方向に寄せ集めて、そのあと y 方向に寄せ集めた。この計算法をよく観察し、もう一歩突っ込んで考えてみると、うまいアイデアがひらめく。

$$\text{リーマン和} \quad \sum_{i,j}(2x_i+4y_j)\,\Delta x_i \Delta y_j$$

を計算するとき、y の値と Δy は一定値として動かさないまま、Δx だけをどんどん細かく 0 に近づけて行ってしまったらどうだろう。

$$\sum_{i,j}(2x_i+4y_j)\,\Delta x_i \Delta y_j = \sum_j \left\{ \sum_i (2x_i+4y_j)\,\Delta x_i \right\} \Delta y_j$$

{ } の中身は変数 x に関するリーマン和の極限であるから、その極限は x についての積分になる。よって、

$$\sum_{i,j}(2x_i+4y_j)\,\Delta x_i \Delta y_j \xrightarrow{\Delta x \to 0} \sum_j \left\{ \int_0^1 (2x+4y_j)\,dx \right\} \Delta y_j$$

{ } の中は $f(x,y)$ の y を y_i に固定したまま、x について積分した、いわば、「偏積分」(こんな言葉はない。念のため) の如きものである。それをあらためて $F(y_i)$ とおくと、上の式は $\sum F(y_i)\,\Delta y_i$ という和の形に書ける。

　これは、(偏) 積分されてできた y の関数 $F(y)$ に対して作ったリーマン和だと解釈できる。そうしておいて、Δy をどんどん細かくして 0 に近づけていくと、その極限は $\int_0^2 F(y)\,dy$ に収束すると考えられる。そこで、再び変数をもとに戻すと、もともとの積分は、

$$\int_0^2 \left\{ \int_0^1 (2x+4y)\,dx \right\} dy$$

ということになる。この積分の意味するところは、関数 $z=f(x,y)=2x+4y$ をまず、y を固定して x についてだけ (偏) 積分し、その結果できた関数を、今度はそれを y について積分する、ということである。つまり、偏微分に対応する計算となっているわけである。

このように、y を固定し x について積分して、そのあと y について積分することを「累次積分」という。実際に計算してみると、

$$\int_0^2 \left\{ \int_0^1 (2x+4y)\,dx \right\} dy = \int_0^2 \left\{ [x^2+4yx]_{x=1} - [x^2+4yx]_{x=0} \right\} dy$$

$$= \int_0^2 (1+4y)\,dy = [y+2y^2]_{y=2} - [y+2y^2]_{y=0} = 10$$

まさしく、前項の計算結果と同じである。

このようにおおざっぱに考えていると、この計算はあたりまえのように思えてしまう。だが、よく考えてみると、かなり危ない橋を渡っていることに気がつく。そもそも、長方形 K の微小長方形への分割を細かくしていくとき、Δx と Δy とを同時に小さくしていくのだが、この計算では、Δx を最初に 0 までもっていって、x 方向を無限に細かくしてしまったあとに、今度は y 方向の方を無限に細かくするわけである。つまり、y 方向では大きなブツ切りのまま、x 方向を線になるまで細かくしてしまい、そのあと y 方向も線になるまで細かくする、というニュアンスであり、こんな乱暴な行為が許されるのかどうかは、数学では大きな問題なのである。しかし、これは関数が健康（？）な場合では許されることが証明されている。それが「フビニの定理」と呼ばれるものである。本書ではわずらわしいので証明は省略する。

［フビニの定理］

$z = f(x, y)$ の長方形 $K(a \leq x \leq b, c \leq y \leq d)$ における重積分

$$\iint_K f(x, y)\,dx\,dy$$

は、次の累次積分で計算できる。

$$\int_c^d \left\{ \int_a^b f(x, y)\,dx \right\} dy$$

この場合、それぞれの積分は、一方の変数を固定し、もう一方の積分変数のみで積分することを表すものである。

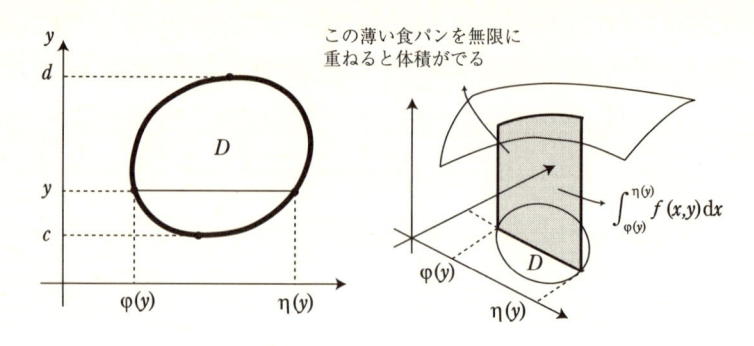

図 5-6

長方形の場合のフビニの定理を一般の図形 D 上の積分の場合に拡張するのは難しくない。図 5-6 のように、y 座標が一定のところで D を切断してできる D 内の線分が y についての関数を両端とする区間 $\varphi(y) \leq x \leq \eta(y)$ と表されるなら、体積は

$$\iint_D f(x,y)\,dxdy = \int_c^d \left\{ \int_{\varphi(y)}^{\eta(y)} f(x,y)\,dx \right\} dy$$

という累次積分で計算されるのである（φ はファイ、η はイータ）。

この累次積分を使うと、回転体などの体積は簡単に計算することができる。これは高校で習った空間図形の積分のことである。高校では、体積を明確に定義せず、直感的に断面の面積を寄せ集めれば体積になることを前提にして、積分で体積を計算していたわけだが、このことの正当性をきちんと裏づけるのが、「フビニの定理」というわけである。

（例2）　半径 r の球の体積

半径 r の球は不等式 $x^2+y^2+z^2 \leq r^2$ で表されるので、xy 平面より上だけで考えれば、関数 $z=f(x,y)=\sqrt{r^2-x^2-y^2}$ に対して、原点を中心とする xy 平面上の半径 r の円 D 上の積分を求めればよい。すなわち

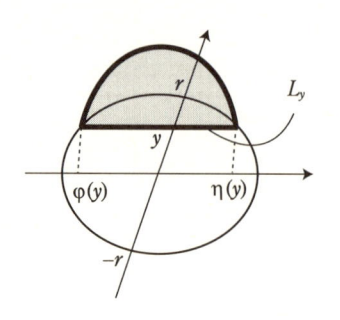

図 5-7

$\iint_D f(x,y) \mathrm{d}x\mathrm{d}y$ が、球の体積の半分となる。

　ここで y 座標が y のところで D を切ってできる線分 L_y を $\varphi(y) \leq x \leq \eta(y)$ とすると、求める重積分は、

$$\int_{-r}^{r} \left\{ \int_{\varphi(y)}^{\eta(y)} f(x,y) \mathrm{d}x \right\} \mathrm{d}y$$

という累次積分で計算できる。ところで、{ } の中の変数 x での積分は、L_y を直径とする半円の面積を表している。L_y の半径は三平方の定理から $\sqrt{r^2-y^2}$ であるので、この面積は $(r^2-y^2)\pi/2$ である。したがって、求める累次積分は

$$\int_{-r}^{r} \left\{ \frac{1}{2}(r^2-y^2)\pi \right\} \mathrm{d}y$$

となる。これは

$$\int_{-r}^{r} \left\{ \frac{1}{2}(r^2-y^2)\pi \right\} \mathrm{d}y = \left[\frac{\pi}{2}\left(r^2 y - \frac{1}{3}y^3\right) \right]_{y=r} - \left[\frac{\pi}{2}\left(r^2 y - \frac{1}{3}y^3\right) \right]_{y=-r}$$

$$= \frac{2}{3}\pi r^3$$

よって、半径 r の球の体積はこれの 2 倍の $(4/3)\pi r^3$ と求まる。

[練習問題 39]　領域 K を $0 \leq x \leq a,\ 0 \leq y \leq b$ とするとき、以下の重積分をフビニの定理で計算せよ。

$$\iint_K 3x^2 + 3y^2 \mathrm{d}x\mathrm{d}y$$

青空ゼミナール

面積とはなんだろう

学生「うーむ。重積分も、やっぱり微小長方形を考え、（代表点の関数値）×（長方形の面積）を集める、つまりリーマン和を取るというのが、主な操作になるわけなんですね。リーマン和の考え方はとっても便利だなあ」

桑原「うんうん。数学的カンがずいぶんよくなってきたではないか。1 変数の

　　　　積分では、積分範囲である線分を細かく分けたのに対し、重積分では面
　　　　積を細かく分けているのがポイントじゃ」
学生「ところで、桑原さんは、面積というのが実はきちんと定義されたことが
　　　　なくて、いつのまにか実在するものだと信じ込んでいる、とおっしゃっ
　　　　てましたが、それはどういう意味なんですか」
桑原「うん、そうじゃ。面積というのは幼少から叩き込まれておるから、あた
　　　　かもちゃんと存在してるように思い込んでおる。しかし、いったんそれ
　　　　を疑うと、いろいろな常識が常識でなくなってくるんじゃな」
学生「例えば、どんなことですか？」
桑原「例えば、じゃな。三角形の面積の公式がそうじゃ」
学生「(底辺)×(高さ)÷2、ってやつですよね」
桑原「うん。でも、3辺のうち、どこを底辺として計算をしても同じ値になる
　　　　のはどうしてなんじゃろな」
学生「そりゃ、どれもが面積を計算してるからなんじゃないですか？」
桑原「そう、面積というのが初めから確固として存在していれば、確かにそう
　　　　じゃが、面積というものが、きちんと定義されるためには、逆にこのこ
　　　　とはきちんと証明されなければならないじゃろ？」
学生「三角形の面積は平行四辺形の半分として計算されたんでしたよねぇ。確
　　　　か」
桑原「そうじゃな。長方形の面積を(縦)×(横)で定義したとする。それはまあ
　　　　よしとしよう。すると、平行四辺形の面積は、(底辺)×(高さ)で計算さ
　　　　れる。それは、平行四辺形の端の部分を切断して反対側にくっつけて長
　　　　方形に直すことから得られたわけじゃ。しかし、端を切って反対側にく
　　　　っつける方法は2通りある。左右の辺でやるか上下の辺でやるかじゃ」
学生「そうか、どっちの方法で長方形に形を変えても、できた長方形の2辺
　　　　の積が同じにならないとまずいですね。そうじゃないと、そもそも面積
　　　　なんて考え方が成立しなくなる」
桑原「その通りじゃ。はなっから面積が存在するものとすれば、そりゃ、同じ
　　　　になるのはあたりまえじゃが、ところが、うまいぐあいに存在するかし
　　　　ないかは、逆に、こういうことが成立するかどうかにかかっとる」

学生「そうか、それじゃ桑原さん、こんなのどうですか。一般の四角形の面積は、対角線で三角形2つに分けて、それらの面積の和として考えますよね。しかし、対角線は2本あるから、どっちで切るかで、できる三角形は違うものになります。どっちで切っても、三角形の面積の和は同じになることを証明しないと、四角形の面積というのも整合的には定義できませんね」

桑原「その通りじゃ。これでわたしのいいたいことがキミにもよく伝わったようだ。わたしは以前そのことの証明を考えたことがあるが、しんどくて、非常に大変な思いをしたよ」

学生「そうですね。面積というのは一筋縄ではいかないですね」

桑原「リーマン積分は、面積の定義の1つの仕方を与えるとはいうものの、関数そのものに依存しているし、定義の仕方もあまり自然とはいえない。それで、その後、ルベーグという人が全く別の定義方法と積分方法を考え出した。それをルベーグ積分というのじゃ」

学生「そのルベーグ積分というのは、どんなものなんですか」

桑原「非常に専門的なんで詳しくは説明できんが、まず面積の定義の仕方を直感的で自然なものに戻したのじゃ。まず、単位正方形を用意する。図形の中にその単位正方形を何個入れられるか、その個数で面積を定義する。ぴったり収まらない場合には、もうひとまわり小さい正方形を詰める。それでもすきまがあるなら、さらにもうひとまわり小さい正方形をもってきてそれを詰める。その無限の操作を基本にして、面積を定義するわけじゃ。で、面積は関数とは独立に定義しておいて、関数の積分はその面積を利用して定義する」

学生「へえ。なんか難しそうだけど面白そうですねぇ」

桑原「数学を面白そうなんて思えるとは、ずいぶんたくましくなったもんじゃな」

学生「桑原さんのおかげですよ」

重積分の法則と面白い応用例

重積分についての計算法則を調べよう。

まず、1変数の場合と同じく線形性をもっている。つまり、和は分けて積分していいし、係数は外に出していい、そういうことである。

[重積分の線形性]

$$\iint_D \left(af(x,y) + bg(x,y)\right)dxdy = a\iint_D f(x,y)\,dxdy + b\iint_D g(x,y)\,dxdy$$

これはリーマン和に戻して考えれば、単なるΣの計算の線形性に帰着される。もう1つは、重積分固有の法則である。

[重積分の加法性]

領域 D が領域 E と F に（境界線によって）分割できるとき、

$$\iint_D f(x,y)\,dxdy = \iint_E f(x,y)\,dxdy + \iint_F f(x,y)\,dxdy$$

これも境界線で区切られた E と F とで別個にリーマン和を作っておいて、それを合わせた形でリーマン和を作ればその和は D のリーマン和にもなるから、容易に理解できる。

さて、重積分の威力を思い知ってもらうために、1つ面白い問題を紹介しよう。

(例3) 縦と横の、少なくとも一方の辺の長さが整数であるようないろいろなサイズの長方形がある。これらのタイルを用いて敷き詰めることのできる長方形は、縦と横の、その少なくとも一方の長さが整数であることを証明せよ。

図5-8を見て欲しい。使用する長方形はどちらかの辺が整数ではない半端な長さでいいのであるから、それをうまく組み立てて敷き詰めた長方

形は、両方の辺とも整数でないこともありそうなものである。しかし、この問題は、それがありえないことを主張している。

この問題は、ありきたりの議論では証明することは難しいが、図形の質感と量感とを、体積というものを通じてつなぐことによって、鮮やかに解決できるのである。

図 5-8

まず、長方形の横の辺の長さをa、縦の辺の長さをbとする。そして、座標平面に2辺がx軸、y軸上にくるようにおく。4つの頂点は$(0,0)$、$(a,0)$、$(0,b)$、(a,b)である。この長方形の領域をDとして、敷き詰めた小長方形をD_1、D_2、$\cdots D_n$とする。D_iの横の辺の長さ、縦の辺の長さをa_i、b_iとしよう。a_iかb_iの少なくとも一方は整数であることが仮定されている。

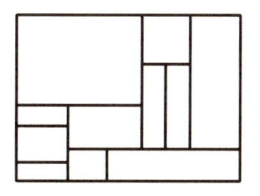

図 5-9

唐突ではあるが、この領域Dにおいて、$z=f(x,y)=\sin 2\pi x \sin 2\pi y$を2通りに重積分する。

まず、領域D全体で重積分する。

$$I = \iint_D \sin 2\pi x \sin 2\pi y \, dxdy$$

これはフビニの定理によって、xについて積分した後、yについて積分すればよい（累次積分）。

$$I = \int_0^b \left\{ \int_0^a \sin 2\pi x \sin 2\pi y \, dx \right\} dy$$

$$= \int_0^b \left\{ \left[\frac{-1}{2\pi} \cos 2\pi x \sin 2\pi y \right]_{x=a} - \left[\frac{-1}{2\pi} \cos 2\pi x \sin 2\pi y \right]_{x=0} \right\} dy$$

$$= \frac{-1}{2\pi} \int_0^b (\cos 2\pi a \sin 2\pi y - \sin 2\pi y) \, dy$$

$$= \frac{-1}{2\pi} (\cos 2\pi a - 1) \int_0^b \sin 2\pi y \, dy$$

$$= \frac{1}{(2\pi)^2}(\cos 2\pi a - 1)(\cos 2\pi b - 1)$$

次にこれを各小長方形 D_1、D_2、$\cdots D_n$ に分割して積分してみよう。D_i の左下の座標を (A, B) とすると、右上の座標は $(A+a_i, B+b_i)$ だからやはりフビニの定理によって

$$\iint_{D_i} \sin 2\pi x \sin 2\pi y \, dxdy$$

$$= \int_B^{B+b_i} \left\{ \int_A^{A+a_i} \sin 2\pi x \sin 2\pi y \, dx \right\} dy$$

$$= \int_B^{B+b_i} \left\{ \left[\frac{-1}{2\pi} \cos 2\pi x \sin 2\pi y \right]_{x=A+a_i} \right.$$
$$\left. - \left[\frac{-1}{2\pi} \cos 2\pi x \sin 2\pi y \right]_{x=A} \right\} dy$$

$$= \frac{1}{(2\pi)^2} \left\{ \cos 2\pi (A+a_i) - \cos 2\pi A \right\} \left\{ \cos 2\pi (B+b_i) - \cos 2\pi B \right\}$$

となる。ここで a_i か b_i の少なくとも一方は整数であるから、周期の分ずれて2つの { } のどちらかは 0 となるので、積分値は 0 である。したがって、各 D_i 上の積分値はすべて 0 となり、

$$I = \iint_{D_1} \sin 2\pi x \sin 2\pi y \, dxdy + \iint_{D_2} \sin 2\pi x \sin 2\pi y \, dxdy$$

$$+ \cdots \iint_{D_n} \sin 2\pi x \sin 2\pi y \, dxdy$$

$$= 0 + 0 + \cdots + 0 = 0$$

よってこの2つを比較して

$$I = \frac{1}{(2\pi)^2}(\cos 2\pi a - 1)(\cos 2\pi b - 1) = 0$$

これより、$\cos 2\pi a = 1$、または $\cos 2\pi b = 1$ とわかり、つまりは、a または b が整数ということになる。

　この証明にはフビニの定理が実に巧みに利用されている。また、部分的

な情報を積分の加法性によって全体に波及させる、という手法も非常に数学的なものである。ちゃんと最後まで計算を追えた人は、このとても奇抜な証明が堪能できたことであろう。

5.2. 2変数の置換積分

基本は同じなのだ

1変数の積分の解説の中で、変数変換をしたときの置換積分の公式を紹介したが、これを重積分に拡張しよう。これは積分というものが要するに
$$(代表点での関数値) \times (微小幅) の寄せ集め$$
であることをよく理解していれば、どうということはないものである。

［置換積分の公式］

1変数の場合、求めたい積分 $\int_a^b f(x)\,dx$ を $x = g(t)$ と変数変換したいとき、区間が $a \to c$、$b \to d$、関数が $f(x) \to f(g(t))$ となるとすれば、

$$\int_a^b f(x)\,dx = \int_c^d f(g(t))\,g'(t)\,dt$$

となるのが置換積分の公式であった。x で書かれた関数の積分を t の関数の積分に書き換える場合、積分区間を対応する t の区間に書き換え、幅にあたる dx を dt で表現するのだが、この際、$dx = g'(t)\,dt$ という増分の拡大率の公式を代入するだけなのである。

これを2変数の重積分で行ったらどうなるであろうか。

$$\text{重積分} \quad I = \iint_D f(x, y)\,dx\,dy$$

とは、微小長方形の面積に、その内の1点における高さをかけて寄せ集めたものであり、

$$\sum_i \sum_j f(\mathrm{P}_{ij})\,\Delta x_i \Delta y_j$$

という形で書かれる。このとき、別の変数 s, t を導入して、x と y を s と t を用いて、

$$x = g(s, t), \quad y = h(s, t)$$

と書き換えた場合、重積分 I は s, t によってどう書き換わるだろうか。

まず、領域 D は x と y の不等式で表現されているが、その x と y に、$x = g(s, t), y = h(s, t)$ を代入すれば、この xy 平面内の領域は st 平面内の領域で表現される。また、被積分関数 $f(x, y)$ も $x = g(s, t), y = h(s, t)$ を代入すれば、$f(g(s, t), h(s, t))$ となって、s, t の関数に書き換わる。ここまでは簡単なのだが、問題は $dxdy$ の書き換えである。

これは直接 $dsdt$ としてしまうわけにはいかない。$\Delta s \Delta t$ というのは、$(s_i - s_{i-1})(t_j - t_{j-1})$ というかけ算だが、これは微小な長方形の面積を表している。しかし、x, y と s, t とは、$x = g(s, t), y = h(s, t)$ との関係で結ばれているので、$\Delta x \Delta y = (x_i - x_{i-1})(y_j - y_{j-1})$ と $\Delta s \Delta t = (s_i - s_{i-1})(t_j - t_{j-1})$ とは、そのまま等しい関係にない。それは 1 変数のとき、「拡大率」としての微分係数をかけなければならなかったのと同じである。そこで、2 変数の場合の拡大率が何にあたるか考えてみよう。

実は、すでに準備は整っている。「連鎖律公式」を用いるのである。

$$x = g(s, t) \text{ より、} \Delta x \sim \frac{\partial g}{\partial s} \Delta s + \frac{\partial g}{\partial t} \Delta t$$

$$y = h(s, t) \text{ より、} \Delta y \sim \frac{\partial h}{\partial s} \Delta s + \frac{\partial h}{\partial t} \Delta t$$

である。これは行列で表した方が、より見やすい。

$$\begin{pmatrix} \Delta x \\ \Delta y \end{pmatrix} \sim \begin{pmatrix} \dfrac{\partial g}{\partial s} & \dfrac{\partial g}{\partial t} \\ \dfrac{\partial h}{\partial s} & \dfrac{\partial h}{\partial t} \end{pmatrix} \begin{pmatrix} \Delta s \\ \Delta t \end{pmatrix} \qquad ①$$

この 1 次変換は、Δs と Δt を辺とする微小な長方形が、$x = g(s, t)$、$y = h(s, t)$ という変換によって、局所的には微小な平行四辺形に移されることを表している。その様子を表したのが図 5-10 である。このことは、本書

$$\begin{pmatrix} \Delta x \\ \Delta y \end{pmatrix} = \begin{pmatrix} \frac{\partial g}{\partial s} & \frac{\partial g}{\partial t} \\ \frac{\partial h}{\partial s} & \frac{\partial h}{\partial t} \end{pmatrix} \begin{pmatrix} \Delta s \\ \Delta t \end{pmatrix}$$

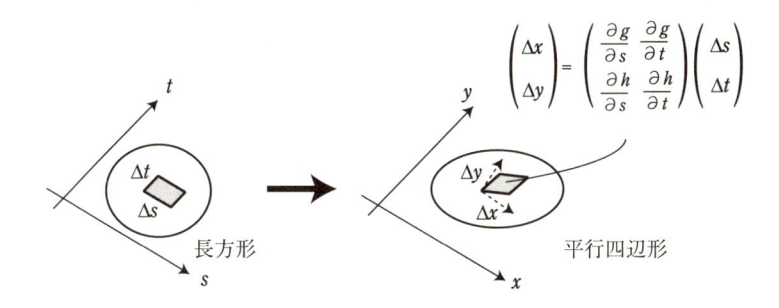

長方形 → 平行四辺形

図 5-10

の姉妹書である『ゼロから学ぶ線形代数』で勉強して欲しい。

つまり、Δs と Δt を 2 辺とする微小な長方形で作ったリーマン和は、x と y に変換すると、微小な平行四辺形を底面として作ったリーマン和に変換されるわけである。したがって、リーマン和は底面積である微小長方形の面積と微小平行四辺形の面積の比の分だけ拡大・縮小して調整しないと、同じものを計算していることにはならない。

というわけで、リーマン和のもととなる

$$f(x,y)\Delta x \Delta y$$

は、

$$f(g(s,t),h(s,t))\Delta s \Delta t \times \begin{bmatrix} \text{微小長方形から微小} \\ \text{平行四辺形への拡大率} \end{bmatrix}$$

と等しいということになる。

ちょっと比喩的であるが、次のように考え直してみるとさらに理解が深まる。

x, y でリーマン和を求めるとき、xy 平面上の領域 D を微小長方形で分割せずに、各点に応じてさまざまな平行四辺形 K_i に分割してみよう。それらの平行四辺形は①の 1 次変換で st 平面から各点において生み出されたものであるとする。これに各平行四辺形 K_i の代表点 P_i における $f(P_i)$ にこの K_i の面積をかけて合計したもの

$$\sum_i f(P_i) \ [K_i \text{の面積}]$$

を考える。K_iが長方形でないので、これはもともとのリーマン和の定義とは異なるが、$\Delta s \Delta t$ を微小にしておくと、変換されてできた平行四辺形 K_i も微小になり、長方形分割と大差がないとみなせる。

そうすると

$$\sum_i f(P_i) \Delta x \Delta y$$
$$\sim \sum_i f(P_i) [K_i \text{の面積}]$$
$$\sim \sum_i f(g(s,t), h(s,t)) \Delta s \Delta t \times \begin{bmatrix} (\Delta s, \Delta t) \text{から} \\ K_i \text{への拡大率} \end{bmatrix}$$

となるわけである。

さてここで、線形代数で非常に大切な次の法則を思い出そう。

［1次変換の基本法則］

行列 $\begin{pmatrix} a & b \\ c & d \end{pmatrix}$ によって、単位正方形はベクトル $\begin{pmatrix} a \\ c \end{pmatrix}$ と $\begin{pmatrix} b \\ d \end{pmatrix}$ で張られる平行四辺形に移される。この際面積は、$\left| \det \begin{pmatrix} a & b \\ c & d \end{pmatrix} \right| = |ad - bc|$ 倍になる。

これを利用すると、s と t の微小変化 Δs と Δt で作られる微小長方形は、$x = g(s,t), y = h(s,t)$ という変数変換によって、①より局所的には、行列

$$\begin{pmatrix} \dfrac{\partial g}{\partial s} & \dfrac{\partial g}{\partial t} \\ \dfrac{\partial h}{\partial s} & \dfrac{\partial h}{\partial t} \end{pmatrix}$$

を乗じた1次変換を受けることになり（この行列をヤコビ行列と呼ぶことはすでにのべた）、

$$\begin{pmatrix} \dfrac{\partial g}{\partial s} \\ \dfrac{\partial h}{\partial s} \end{pmatrix} \Delta s \text{ と } \begin{pmatrix} \dfrac{\partial g}{\partial t} \\ \dfrac{\partial h}{\partial t} \end{pmatrix} \Delta t$$

で張られる平行四辺形に移る。つまり、微小な長方形が受ける変化は、ヤコビ行列をかけることに等しいのである（美しい！）。したがって、面積の拡大率はその行列式の絶対値、

$$\left|\det\begin{pmatrix} \dfrac{\partial g}{\partial s} & \dfrac{\partial g}{\partial t} \\ \dfrac{\partial h}{\partial s} & \dfrac{\partial h}{\partial t} \end{pmatrix}\right| = \left|\dfrac{\partial g}{\partial s}\dfrac{\partial h}{\partial t} - \dfrac{\partial g}{\partial t}\dfrac{\partial h}{\partial s}\right|$$

となる。以上をまとめてみよう。

［2変数の変数変換における置換積分の公式］

$$I = \iint_D f(x,y)\,\mathrm{d}x\mathrm{d}y$$

を $x=g(s,t), y=h(s,t)$ と置換したとき、被積分関数 $f(x,y)$ が、$f(g(s,t),h(s,t))=k(s,t)$ に変換され、領域 D が領域 E に変換されたとすると、

$$I = \iint_E k(s,t)\left|\dfrac{\partial(g,h)}{\partial(s,t)}\right|\mathrm{d}s\mathrm{d}t$$

と書き換えることができる。ここで、

$$\left|\dfrac{\partial(g,h)}{\partial(s,t)}\right| = \left|\det\begin{pmatrix} \dfrac{\partial g}{\partial s} & \dfrac{\partial g}{\partial t} \\ \dfrac{\partial h}{\partial s} & \dfrac{\partial h}{\partial t} \end{pmatrix}\right| = \left|\dfrac{\partial g}{\partial s}\dfrac{\partial h}{\partial t} - \dfrac{\partial g}{\partial t}\dfrac{\partial h}{\partial s}\right|$$

である。

ガウス分布の積分に応用してみよう

本書を締めくくるにあたって、2変数の置換積分の最も劇的な応用である次の積分計算を実行してみよう。

$$N = \int_{-\infty}^{+\infty} e^{-x^2}\mathrm{d}x$$

この被積分関数 e^{-x^2} は、数学の王と呼ばれた数学者ガウス（1777〜1855）が天文台に勤務していたとき、天体の観測誤差を集計していて発見した関数である。観測結果が正確な値から x だけずれることの起こりやすさが e^{-x^2} に比例するということをガウスは見い出したのだ。したがって、多くの確率現象はこの関数 e^{-x^2} で記述され、統計学や物理学や経済学では頻繁に利用される。というわけで、全事象の確率を 1 に調整するのに、N を知っておく必要があるため、この積分が重要となる。

ところが、この被積分関数 e^{-x^2} の原始関数は初等的なものでは表現できない。したがって、「微積分学の基本定理」によって計算して求めることはできないので、アクロバットな発想が必要となる。

いったいそれは何か。

驚くなかれ、変数を増やして重積分にしてしまうことなのである。

次の重積分を考えよう。

$$I = \iint_D e^{-(x^2+y^2)} dx dy$$

ここで、D は xy 平面全体を表す領域である。まず、この重積分 I と、求めたい N との関係を明らかにしておこう。

$$e^{-(x^2+y^2)} = e^{-x^2} e^{-y^2}$$

と分解されるから、I は「フビニの定理（累次積分）」を用いると 1 変数の積分に帰着させることができる。まず、y を固定し、x について積分してから、そのあとに y 方向に積分することにする。

$$I = \iint_D e^{-(x^2+y^2)} dx dy = \int_{-\infty}^{+\infty} \left[\int_{-\infty}^{+\infty} e^{-x^2} e^{-y^2} dx \right] dy$$

ここで、[ ] の中の積分では e^{-y^2} は定数にすぎないので外に出してしまうと、

$$I = \int_{-\infty}^{+\infty} e^{-y^2} \left[\int_{-\infty}^{+\infty} e^{-x^2} dx \right] dy$$

となる。すると、[ ] の中身は積分値 N であり、y とは無関係な定数であるから、外に出してしまうことができる。したがって、

$$I = N \times \int_{-\infty}^{+\infty} e^{-y^2} dy$$

ここで、後半の積分も単に変数が x か、y かの違いだけで、積分値は同じ N となるから、

$$I = N \times N = N^2$$

よって、I が求まれば、その平方根を取って N が求まることがわかった。

しかし、一見すると、N に比べて、I の方が変数が1つ増えて重積分になっている分だけ積分が難しい気がする。ところが、そうでなくむしろ簡単になってしまうところが、この方法の巧妙なところなのである。手品のような計算を堪能して欲しい。

I を計算するために、次のように変数変換して置換積分をしよう。

$$x = r\cos\theta, \quad y = r\sin\theta$$

これは極座標表示といって、図5-11のような変換である。これによって、被積分関数 $e^{-(x^2+y^2)}$ は、e^{-r^2} と変わる。また、全平面 D の領域は、$0 \leq r \leq \infty$、$0 \leq \theta \leq 2\pi$ で表される領域 E に変更される。またヤコビ行列は、

$$\begin{pmatrix} \dfrac{\partial x}{\partial r} & \dfrac{\partial x}{\partial \theta} \\ \dfrac{\partial y}{\partial r} & \dfrac{\partial y}{\partial \theta} \end{pmatrix} = \begin{pmatrix} \cos\theta & -r\sin\theta \\ \sin\theta & r\cos\theta \end{pmatrix}$$

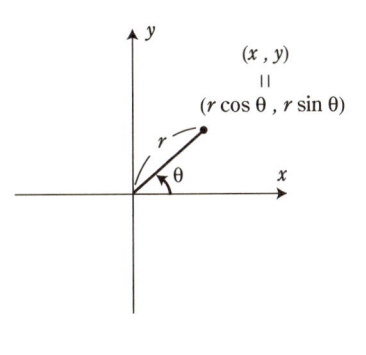

図5-11

であるから、その行列式は

$$\left| \dfrac{\partial x}{\partial r} \dfrac{\partial y}{\partial \theta} - \dfrac{\partial x}{\partial \theta} \dfrac{\partial y}{\partial r} \right| = |r\cos^2\theta - (-r\sin^2\theta)| = r$$

である。したがって、求める重積分 I は以下のように置換積分される。

$$I = \iint_D e^{-(x^2+y^2)} dxdy = \iint_E e^{-r^2}(r \times drd\theta)$$

$$= \iint_E re^{-r^2} drd\theta$$

ここでフビニの定理を用いると、被積分関数が r にしか依存しないので、

$$I = \iint_E re^{-r^2} drd\theta = \int_0^{+\infty} re^{-r^2} \left[\int_0^{2\pi} 1 d\theta \right] dr$$

$$= 2\pi \int_0^{+\infty} re^{-r^2} dr$$

となる。今度は、この r での積分は、「微積分学の基本定理」を用いることが可能である。なぜなら、$\{e^{-r^2}\}' = \{e^{-r^2}\} \times (-2r)$ により原始関数が利用できるからである。

$$I = 2\pi \int_0^{+\infty} re^{-r^2} dr = 2\pi \left[-\frac{1}{2} e^{-r^2} \right]_{r=+\infty} - 2\pi \left[-\frac{1}{2} e^{-r^2} \right]_{r=0}$$

$$= \pi$$

これで I が求まった。この平方根を取れば、求めたい N となる。

$$N = \sqrt{\pi}$$

これが求める答えである。

ところで、この結果には、非常に美しいおまけがついている。

$$N = \int_{-\infty}^{+\infty} e^{-x^2} dx = \sqrt{\pi}$$

ということがわかったが、被積分関数 e^{-x^2} は、偶関数であり、$-x$ と x で同じ値を取る。グラフが y 軸対称であることから、積分区間を半分にして 0 から $+\infty$ とすれば、積分値は半分の

$$\int_0^{+\infty} e^{-x^2} dx = \frac{\sqrt{\pi}}{2}$$

となる。ここで、左辺を $t = x^2$ と変数変換して、置換積分してみよう。

積分区間は同じ 0 から ∞、被積分関数は e^{-t}、幅の拡大は、

$$dt = 2x\,dx \text{ より } dx = \frac{1}{2x}dt = \frac{1}{2\sqrt{t}}dt = \frac{1}{2}t^{-\frac{1}{2}}dt$$

したがって、

$$\int_0^\infty e^{-x^2}dx = \frac{1}{2}\int_0^\infty t^{-\frac{1}{2}}e^{-t}dt$$

となる。実はこの結果は 99 ページで解説したガンマ関数と結びつく。

$$\int_0^\infty t^{-\frac{1}{2}}e^{-t}dt = \int_0^\infty t^{\frac{1}{2}-1}e^{-t}dt$$

$$= \Gamma\left(\frac{1}{2}\right)$$

である。前ページの結果から

$$\Gamma\left(\frac{1}{2}\right) = \sqrt{\pi}$$

という、2 章の終わりに予告した素敵な等式が証明されたことになる。

[練習問題 40]

(1) 底面の半径が R、高さが h の円錐の体積は、以下の重積分で表されることを確認せよ。

$$\iint_D h - \frac{h}{R}\sqrt{x^2+y^2}\,dxdy$$

ここで領域 D は、$x^2+y^2 \leq R^2$ である。

(2) 上の重積分を以下の変数で置換して求め、円錐の体積の公式を確認せよ。

$$(x, y) = (r\cos\theta, r\sin\theta)$$

エピローグ

　学生は、大学の期末テストの微積分で高成績を収めた。
　そのことを桑原に報告してお礼を言おうと、公園に行ってみたのだが、桑原はどこにもみあたらなかった。それから数日間、学生は毎日公園を探しまわったが、桑原は忽然と消えたっきり、2度と学生の前に姿を現すことはなかった。
　学生が、桑原を探すのをあきらめてしばらくたったある日のことである。学生は図書館で数学史の本を何気なく眺めていて、不意に不思議な文章が目にとまった。
　こんなことが書いてあった。
　　　数学では、0で割ることは禁じられている。それは矛盾を引き起こすからである。しかし、数0の発祥の地である古代のインドでは、0÷0を取り扱った形跡があるそうだ。そして，古代インド人は0÷0を「クハハラ」と呼んでいた……
　この記述を読んだ学生の脳裏に、桑原の顔が思い浮かんだ。桑原さんは、自分の名前を言ったのでもなければ、「くわばら、くわばら」とまじないの言葉をつぶやいたのでもない。本当は、0÷0、にあたる古代インドの言葉を唱えていたのではないか。学生はそんな思いにとらわれたまま窓から見える夕焼けの空を、ただただじっと眺めたのであった。

練習問題解答

【1】 $f(x) = 2x^2 + 3x$ より

$$f'(x) = \{2x^2 + 3x\}' = (2x^2)' + (3x)'$$
$$= 4x + 3$$

【2】 $\dfrac{(x+\varepsilon)^3 - x^3}{\varepsilon} = \dfrac{3x^2\varepsilon + 3x\varepsilon^2 + \varepsilon^3}{\varepsilon}$

$$= 3x^2 + 3x\varepsilon + \varepsilon^2 \xrightarrow{\varepsilon \to 0} 3x^2$$

より、

$$f'(x) = 3x^2$$

よって、$x = a$ における微分係数は $3a^2$ であるから、接線の式は

$$dy = 3a^2 dx$$

これは、$y - a^3 = 3a^2(x - a)$ を表すので、

$$y = 3a^2 x - 2a^3$$

【3】 $25^2 = 625$ より、$x = 625$ を代入すると

$$dy = \dfrac{1}{2\sqrt{625}} dx$$

より、$\Delta y \sim 0.02 \Delta x$。ここで、$\Delta x = 628 - 625 = 3$ を代入すると、$\Delta y \sim 0.06$。したがって

$$y \sim \sqrt{625} + 0.06 = 25.06$$

【4】 $\dfrac{kf(x+\varepsilon) - kf(x)}{\varepsilon} = k\dfrac{f(x+\varepsilon) - f(x)}{\varepsilon} \xrightarrow{\varepsilon \to 0} kf'(x)$

【5】 $n = 1$ のとき、$\{x\}' = 1$ であり、これは $1 \times x^{1-1}$ であるから成立。

$n = k$ のとき、$\{x^k\}' = kx^{k-1}$ を仮定すると

$$\{x^{k+1}\}' = \{x^k x\}' = \{x^k\}' x + x^k \{x\}'$$
$$= kx^{k-1} x + x^k = (k+1) x^k$$

となり、$n=k+1$ のときも成立する。よって任意の自然数 n に対して、$\{x^n\}'=nx^{n-1}$ が成立する。

[6]
$$\frac{h(x+\varepsilon)-h(x)}{\varepsilon}=\frac{1}{\varepsilon}\left\{\frac{g(x+\varepsilon)}{f(x+\varepsilon)}-\frac{g(x)}{f(x)}\right\}$$

$$=\frac{g(x+\varepsilon)f(x)-f(x+\varepsilon)g(x)}{\varepsilon f(x+\varepsilon)f(x)}$$

$$=\frac{g(x+\varepsilon)f(x)-g(x)f(x)+g(x)f(x)-f(x+\varepsilon)g(x)}{\varepsilon f(x+\varepsilon)f(x)}$$

$$=\left[\left\{\frac{g(x+\varepsilon)-g(x)}{\varepsilon}\right\}f(x)-g(x)\left\{\frac{f(x+\varepsilon)-f(x)}{\varepsilon}\right\}\right]\frac{1}{f(x+\varepsilon)f(x)}$$

$$\xrightarrow{\varepsilon\to 0}\frac{g'(x)f(x)-g(x)f'(x)}{f(x)^2}$$

[7] $y=x^3+x$ とおく。$z=f(x)$ は $z=y^2$ と $y=x^3+x$ を合成したものであるから

$$f'(x)=\frac{dz}{dx}=\left[\frac{dz}{dy}\right]\left[\frac{dy}{dx}\right]=2y(3x^2+1)$$

$$=2(x^3+x)(3x^2+1)$$

$$=6x^5+8x^3+2x$$

一方、$f(x)=x^6+2x^4+x^2$ であるから

$$f'(x)=6x^5+8x^3+2x$$

で一致する。

[8] $f(x)=\sqrt[3]{x}=x^{\frac{1}{3}}$ より

$$f'(x)=\frac{1}{3}x^{\frac{1}{3}-1}=\frac{1}{3}x^{-\frac{2}{3}}=\frac{1}{3\sqrt[3]{x^2}}$$

[9] (1) 1階条件は、

$$f'(x)=3x^2-12x+9=3(x-1)(x-3)=0$$

これを解くと、$x=1, 3$。

(2) 1階条件は、
$$f'(x) = 1 - \frac{1}{x^2} = \frac{x^2-1}{x^2} = 0$$
これを解くと、$x = \pm 1$。

[10] (1) [9]を利用する。

x		1		3	
$f'(x)$	+	0	−	0	+
$f(x)$	↗	5	↘	1	↗

(2)

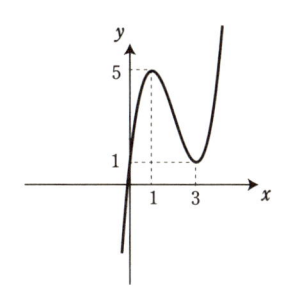

x	0		1	
$f'(x)$		−	0	+
$f(x)$		↘	2	↗

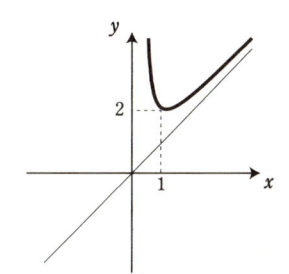

[11] $A(q)$ の1階条件は、
$$A'(q) = \left[\frac{C(q)}{q}\right]' = \frac{C'(q)q - C(q)}{q^2} = 0$$
極点 $(q^*, A(q^*))$ では、$C'(q^*)q^* = C(q^*)$。よって
$$C'(q^*) = \frac{C(q^*)}{q^*} = A(q^*)$$
となり、限界費用＝平均費用となる。

[12] (1) $\dfrac{f(b)-f(a)}{b-a}=\dfrac{b^2-a^2}{b-a}=b+a$

また、
$$f'(c)=2c$$
よって、求める式は $c=\dfrac{a+b}{2}$。

(2) (ア) $\dfrac{f(b)-f(a)}{b-a}=\dfrac{b^3-a^3}{b-a}=b^2+ba+a^2$

(イ) $f'(c)=3c^2$

(ウ) $0<a<b$ より
$$a^2+aa+a^2<b^2+ba+a^2<b^2+bb+b^2$$
となり
$$f'(a)=3a^2<b^2+ba+a^2<3b^2=f'(b)$$
よって c を a から b まで動かすと $f'(c)$ は $3a^2$ から $3b^2$ まで動き、途中で b^2+ba+a^2 の値を取る。

[13] $x_i=\dfrac{i}{n}b$, $p_i=\dfrac{i}{n}b$ $(i=1, 2, \cdots, n)$ としてリーマン和を作る。

$$\text{リーマン和}=\sum_{i=1}^{n}\left(\dfrac{i}{n}b\right)^2\dfrac{i}{n}b$$

$$=\dfrac{b^3}{n^3}(1^2+2^2+\cdots+n^2)$$

$$=\dfrac{b^3}{n^3}\dfrac{1}{6}n(n+1)(2n+1)$$

$$=\dfrac{b^3}{6}\left(1+\dfrac{1}{n}\right)\left(2+\dfrac{1}{n}\right)\xrightarrow{n\to\infty}\dfrac{b^3}{6}\times 1\times 2=\dfrac{b^3}{3}$$

[14] $\displaystyle\sum_{i=1}^{n}\dfrac{x_i-x_{i-1}}{\dfrac{\sqrt{x_i}+\sqrt{x_{i-1}}}{2}}$

を計算しているのだが、ここで
$$f(x)=\dfrac{1}{\sqrt{x}}$$

とおくと、$\dfrac{1}{\sqrt{x_{i-1}}}$ と $\dfrac{1}{\sqrt{x_i}}$ の間のある点 p_i における $f(p_i)$ に対して

$$\sum_{i=1}^{n} f(p_i)(x_i - x_{i-1})$$

を計算しているので、これは以下の積分を計算し、下図斜線部の面積を求めていることになる。

$$\int_a^b \dfrac{1}{\sqrt{x}}\,\mathrm{d}x$$

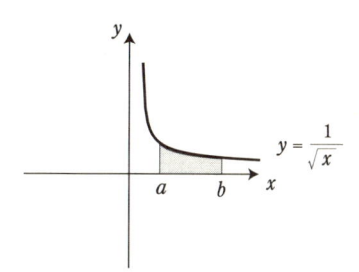

[15] (1) $\displaystyle\int_a^b x^4\,\mathrm{d}x = \left[\dfrac{1}{5}x^5\right]_{x=b} - \left[\dfrac{1}{5}x^5\right]_{x=a}$

$$= \dfrac{1}{5}b^5 - \dfrac{1}{5}a^5$$

(2) $\displaystyle\int_1^2 \dfrac{1}{x^3}\,\mathrm{d}x = \left[-\dfrac{1}{2}x^{-2}\right]_{x=2} - \left[-\dfrac{1}{2}x^{-2}\right]_{x=1}$

$$= -\dfrac{1}{2}\left[\dfrac{1}{4} - \dfrac{1}{1}\right] = \dfrac{3}{8}$$

[16] $t = x^3 + 1$ より、区間 $x:0 \to 2$ は、$t:1 \to 9$ に移る。
$\mathrm{d}t = 3x^2\,\mathrm{d}x$ より、$\mathrm{d}x = \dfrac{1}{3x^2}\,\mathrm{d}t$。したがって

$$\mathrm{I} = \int_1^9 \dfrac{3x^2}{\sqrt{t}} \dfrac{1}{3x^2}\,\mathrm{d}t$$

$$= \int_1^9 \dfrac{1}{\sqrt{t}}\,\mathrm{d}t = \left[2\sqrt{t}\right]_{t=9} - \left[2\sqrt{t}\right]_{t=1}$$

$$= 4$$

[17] (1) $f(x)=e^{2x}$ において、$y=2x$ とおくと、$f(x)$ は $z=e^y$ と $y=2x$ の合成関数であるから

$$f'(x)=\left[\frac{dz}{dy}\right]\left[\frac{dy}{dx}\right]=e^y 2=2e^{2x}$$

(2) e^{2x} の原始関数の1つは $\frac{1}{2}e^{2x}$

$$\int_0^1 e^{2x}dx=\left[\frac{1}{2}e^{2x}\right]_{x=1}-\left[\frac{1}{2}e^{2x}\right]_{x=0}$$

$$=\frac{1}{2}(e^2-1)$$

[18] $\left\{\frac{1}{3}x^3\right\}'=x^2$ であるから

$$\int_1^2\left\{\frac{1}{3}x^3\right\}'\log x\,dx+\int_1^2\frac{1}{3}x^3\{\log x\}'\,dx$$

$$=\left[\frac{1}{3}x^3\log x\right]_{x=2}-\left[\frac{1}{3}x^3\log x\right]_{x=1}$$

$$=\frac{8}{3}\log 2$$

よって

$$\int_1^2 x^2\log x\,dx=\frac{8}{3}\log 2-\int_1^2\frac{1}{3}x^3\frac{1}{x}\,dx$$

$$=\frac{8}{3}\log 2-\frac{7}{9}$$

[19] (1) $n=1$ のとき、$f(x)=e^x-x$ とおく。$f'(x)=e^x-1$ より、右の表のようになり、$x\geq 0$ のとき、$f(x)>0$。

x	0	
f'	0	+
f	1	↗

$n=k$ のとき正しいと仮定する。
このとき、$n=k+1$ に対して正しいことを証明する。

$$f(x)=e^x-\frac{1}{(k+1)!}x^{k+1}$$

とおく。この式を微分すると

$$f'(x)=e^x-\frac{1}{k!}x^k$$

$n=k$ のときの仮定より

$$f'(x)>0\quad (x\geq 0)$$

よって、$f(x)$ は増加関数であるから

$$f(x) \geqq f(0) = 1$$

よって、$n = k+1$ のときも成立。

(2) (1) より

$$e^x > \frac{1}{(m+1)!} x^{m+1}$$

したがって、

$$\frac{(m+1)!}{x} > x^m e^{-x} \geqq 0$$

左辺は $x \to \infty$ のとき、0 に近づくので、$x^m e^{-x}$ も 0 に近づく。

[20] $x'(t) = 1 - t^2$, $y'(t) = 2t$ より

$$\int_0^3 \sqrt{x'(t)^2 + y'(t)^2}\, dt = \int_0^3 \sqrt{(1-t^2)^2 + (2t)^2}\, dt$$

$$= \int_0^3 \sqrt{(t^2+1)^2}\, dt = \int_0^3 (t^2+1)\, dt = 12$$

[21] (1) 商の微分公式を用いる。

$$(\tan x)' = \left(\frac{\sin x}{\cos x}\right)'$$

$$= \frac{(\sin x)' \cos x - \sin x (\cos x)'}{\cos^2 x}$$

$$= \frac{\cos^2 x + \sin^2 x}{\cos^2 x} = \frac{1}{\cos^2 x}$$

(2) $\int_0^\pi \sin x\, dx = [-\cos x]_{x=\pi} - [-\cos x]_{x=0}$

$$= 1 - (-1) = 2$$

[22] $x = \sin t$ より、区間 $x: 0 \to \frac{1}{2}$ は $t: 0 \to \frac{\pi}{6}$ に、幅は $dx = \cos t\, dt$ になる。

$$I = \int_0^{\frac{\pi}{6}} \frac{1}{\sqrt{1-\sin^2 t}} \cos t\, dt = \int_0^{\frac{\pi}{6}} \frac{1}{\cos t} \cos t\, dt$$

$$= \int_0^{\frac{\pi}{6}} 1\, dt = \frac{\pi}{6}$$

[23] $e^x = 1 + x + \dfrac{1}{2!}x^2 + \cdots + \dfrac{1}{n!}x^n + \cdots$

であるから、$x \geqq 0$ のとき、各項は 0 以上であるので

$$e^x > \dfrac{1}{n!}x^n$$

である。

[24] $f(x) = \cos x$ とおくと

$$f(0) = 1, \quad f'(0) = 0, \quad f''(0) = -1, \quad f'''(0) = 0, \cdots$$

$$\cos x = 1 + 0x + \dfrac{1}{2!} \cdot (-1) \cdot x^2 + \dfrac{1}{3!} \cdot 0 \cdot x^3$$

$$+ \dfrac{1}{4!} \cdot 1 \cdot x^4 + \dfrac{1}{5!} \cdot 0 \cdot x^5 + \cdots$$

$$= 1 - \dfrac{1}{2}x^2 + \dfrac{1}{24}x^4 - \dfrac{1}{720}x^6 + \cdots$$

[25] $e^x = 1 + x + \dfrac{1}{2!}x^2 + \dfrac{1}{3!}x^3 + \cdots$

x を ix におきかえると

$$e^{ix} = 1 + ix + \dfrac{1}{2!}(ix)^2 + \dfrac{1}{3!}(ix)^3 + \dfrac{1}{4!}(ix)^4 + \cdots$$

$$= 1 + ix - \dfrac{1}{2!}x^2 - \dfrac{1}{3!}ix^3 + \dfrac{1}{4!}x^4 + \cdots$$

$$= \left(1 - \dfrac{1}{2!}x^2 + \cdots\right) + i\left(x - \dfrac{1}{3!}x^3 + \cdots\right)$$

$$= \cos x + i \sin x$$

[26] (1) $x = 1$ のとき、$z = y^2 + 1$
(2) $y = -2$ のとき、$z = x^2 + 4$
(3) $z = 4$ のとき、$4 = x^2 + y^2$

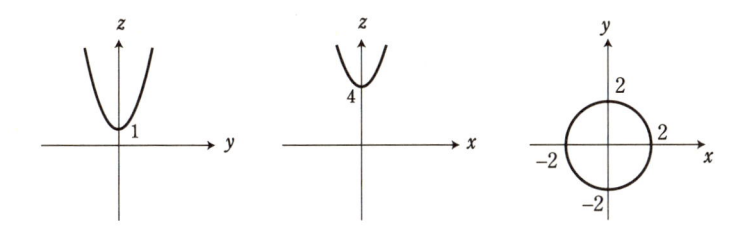

$$I = \int_0^{\frac{\pi}{6}} \frac{1}{\sqrt{1-\sin^2 t}} \cos t \, dt$$

$$= \int_0^{\frac{\pi}{6}} \frac{1}{\cos t} \cos t \, dt = \int_0^{\frac{\pi}{6}} 1 \, dt$$

$$= \frac{\pi}{6}$$

[27] (1) $f(x,y) = x^2 - 2xy + 3y^2$

$$\frac{\partial f}{\partial x} = 2x - 2y, \quad \frac{\partial f}{\partial x} = -2x + 6y$$

(2) $f(x,y) = x^2 \sin(x+y)$

$$\frac{\partial f}{\partial x} = 2x \sin(x+y) + x^2 \cos(x+y)$$

$$\frac{\partial f}{\partial y} = x^2 \cos(x+y)$$

[28] (1) 接平面は、

$$dz = \frac{\partial f}{\partial x} dx + \frac{\partial f}{\partial y} dy$$

$$\Leftrightarrow \quad dz = (2x - 2y) dx + (-2x + 6y) dy$$

$(x, y) = (1, 2)$ を代入し

$$dz = -2dx + 10dy$$
$$\Leftrightarrow (z-9) = -2(x-1) + 10(y-2)$$
$$\Leftrightarrow z = -2x + 10y - 9$$

(2) $(x, y) = (1, 1)$ では

$$dz = 0dx + 4dy$$

$dy=0$ なら $dz=0$ となるので、x 方向に動けばよい。

[29] $f(K, L) = K^{\frac{2}{3}} L^{\frac{1}{3}}$ より

(1) $\dfrac{\partial f}{\partial K} = \dfrac{2}{3} K^{-\frac{1}{3}} L^{\frac{1}{3}}, \quad \dfrac{\partial f}{\partial L} = \dfrac{1}{3} K^{\frac{2}{3}} L^{-\frac{2}{3}}$

(2) $\dfrac{\partial f}{\partial K} K + \dfrac{\partial f}{\partial L} L = \left(\dfrac{2}{3} K^{-\frac{1}{3}} L^{\frac{1}{3}} \right) K + \left(\dfrac{1}{3} K^{\frac{2}{3}} L^{-\frac{2}{3}} \right) L$

$$= \dfrac{2}{3} K^{\frac{2}{3}} L^{\frac{1}{3}} + \dfrac{1}{3} K^{\frac{2}{3}} L^{\frac{1}{3}} = K^{\frac{2}{3}} L^{\frac{1}{3}} = f(K, L)$$

[30]

(1) $dz = \dfrac{\partial z}{\partial x} dx + \dfrac{\partial z}{\partial y} dy = -\dfrac{y}{x^2} dx + \dfrac{1}{x} dy$

(2) $dV = \dfrac{\partial z}{\partial r} dr + \dfrac{\partial z}{\partial h} dh = 2\pi \, rh dr + \pi \, r^2 dh$

[31] $T = 2\pi \sqrt{\dfrac{L}{g}} = T(g, L)$ の全微分の式を作ると、$T(g, L) = 2\pi g^{-\frac{1}{2}} L^{\frac{1}{2}}$ より

$$dT = \dfrac{\partial T}{\partial g} dg + \dfrac{\partial T}{\partial L} dL = -\pi g^{-\frac{3}{2}} L^{\frac{1}{2}} dg + \pi g^{-\frac{1}{2}} L^{-\frac{1}{2}} dL$$

よって

$$\Delta T \sim -\pi g^{-\frac{3}{2}} L^{\frac{1}{2}} \Delta g + \pi g^{-\frac{1}{2}} L^{-\frac{1}{2}} \Delta L$$

ここで、$\Delta L = 0.01L, \Delta g = -0.02g$ を代入すると

$$\Delta T \sim 0.02\pi g^{-\frac{3}{2}}L^{\frac{1}{2}}g + 0.01\pi g^{-\frac{1}{2}}L^{-\frac{1}{2}}L$$
$$= 0.03\pi g^{-\frac{1}{2}}L^{\frac{1}{2}} = 0.03\frac{T}{2} = 0.015T$$

すなわち、1.5％大きくなる。

[32] (1) $f(x,y) = x^2 - 2xy - y^2 + 3x - 5y + 1$

$$\frac{\partial f}{\partial x} = 2x - 2y + 3 = 0, \quad \frac{\partial f}{\partial y} = -2x - 2y - 5 = 0$$

これを解くと、$(x,y) = \left(-2, -\frac{1}{2}\right)$

(2) $f(x,y) = x^4 - 4xy + 2y^2$

$$\frac{\partial f}{\partial x} = 4x^3 - 4y = 0 \quad \Leftrightarrow x^3 = y$$

$$\frac{\partial f}{\partial y} = -4x + 4y = 0 \quad \Leftrightarrow x = y$$

$x^3 = x$ より、$x = 0, 1, -1$。よって

$$(x,y) = (0,0), (1,1), (-1,-1)$$

[33] $g(x,y) = x + y - e^{xy}$ とおく。$g(x,y)$ を x で偏微分すると

$$\frac{\partial g}{\partial x} = 1 - ye^{xy}$$

$g(x,y)$ を y で偏微分すると

$$\frac{\partial g}{\partial y} = 1 - xe^{xy}$$

よって、

$$\frac{dy}{dx} = -\frac{(\partial g/\partial x)}{(\partial g/\partial y)}$$

$$= -\frac{1 - ye^{xy}}{1 - xe^{xy}}$$

[34] $L = f(x,y) - \lambda g(x,y) = 2xy - \lambda(x^2 + y^2 - 1)$

とおくと、1階条件は

$$\frac{\partial L}{\partial x} = 2y - 2x\lambda = 0 \Leftrightarrow y = x\lambda \quad ①$$

$$\frac{\partial L}{\partial y} = 2x - 2y\lambda = 0 \Leftrightarrow x = y\lambda \quad ②$$

$$\frac{\partial L}{\partial \lambda} = -(x^2 + y^2 - 1) = 0 \Leftrightarrow x^2 + y^2 = 1 \quad ③$$

①, ②を③に代入し

$$(y^2 + x^2)\lambda^2 = 1$$

③より

$$\lambda^2 = 1, \quad \text{すなわち} \quad \lambda = \pm 1$$

$\lambda = 1$ のとき、$x = y$ より、$(x, y) = \left(\frac{1}{\sqrt{2}}, \frac{1}{\sqrt{2}}\right), \left(-\frac{1}{\sqrt{2}}, -\frac{1}{\sqrt{2}}\right), f(x, y) = 1$

$\lambda = -1$ のとき、$(x, y) = \left(\frac{1}{\sqrt{2}}, -\frac{1}{\sqrt{2}}\right), \left(-\frac{1}{\sqrt{2}}, \frac{1}{\sqrt{2}}\right), f(x, y) = -1$

[35] $z = x^2 + y^2, x = p(t), y = q(t)$ より

(1) $\dfrac{dz}{dt} = \dfrac{\partial z}{\partial x}\dfrac{dx}{dt} + \dfrac{\partial z}{\partial y}\dfrac{dy}{dt} = 2xp'(t) + 2yq'(t)$

$\qquad = 2p(t)p'(t) + 2q(t)q'(t)$

(2) $\dfrac{dz}{dt} = 2\cos t(-\sin t) + 2\sin t \cos t = 0$

(3) $z = \cos^2 t + \sin^2 t = 1$ より、$\dfrac{dz}{dt} = 0$

[36]

(1) $g(t) = f(tp, tq)$ より

$\qquad \dfrac{dg}{dt} = \dfrac{\partial f}{\partial x}\dfrac{dx}{dt} + \dfrac{\partial f}{\partial y}\dfrac{dy}{dt} = \dfrac{\partial f}{\partial x}p + \dfrac{\partial f}{\partial y}q$

(2) $g(t) = f(tp, tq) = tf(p, q)$ （1次同次性）から

$$\frac{dg}{dt} = f(p, q)$$

(1)と合わせて、

$$\frac{\partial f}{\partial x} p + \frac{\partial f}{\partial y} q = f(p, q)$$

p, q を x, y に置き換えれば与式が得られる。

[37]

(1) $\dfrac{\partial f}{\partial x} = 2x - 2y + 3, \quad \dfrac{\partial f}{\partial y} = -2x - 2y - 5$

$$\begin{pmatrix} \dfrac{\partial^2 f}{\partial x^2} & \dfrac{\partial^2 f}{\partial x \partial y} \\ \dfrac{\partial^2 f}{\partial x \partial y} & \dfrac{\partial^2 f}{\partial y^2} \end{pmatrix} = \begin{pmatrix} 2 & -2 \\ -2 & -2 \end{pmatrix}$$

$$\det \begin{pmatrix} \dfrac{\partial^2 f}{\partial x^2} & \dfrac{\partial^2 f}{\partial x \partial y} \\ \dfrac{\partial^2 f}{\partial x \partial y} & \dfrac{\partial^2 f}{\partial y^2} \end{pmatrix} = 2(-2) - (-2)(-2) = -8 < 0$$

$(x, y) = \left(-2, -\dfrac{1}{2}\right)$ は極点ではない。

(2) $\dfrac{\partial f}{\partial x} = 4x^3 - 4y, \quad \dfrac{\partial f}{\partial x} = -4x + 4y$

$$\begin{pmatrix} \dfrac{\partial^2 f}{\partial x^2} & \dfrac{\partial^2 f}{\partial x \partial y} \\ \dfrac{\partial^2 f}{\partial x \partial y} & \dfrac{\partial^2 f}{\partial y^2} \end{pmatrix} = \begin{pmatrix} 12x^2 & -4 \\ -4 & 4 \end{pmatrix}$$

$$d = \det \begin{pmatrix} \dfrac{\partial^2 f}{\partial x^2} & \dfrac{\partial^2 f}{\partial x \partial y} \\ \dfrac{\partial^2 f}{\partial x \partial y} & \dfrac{\partial^2 f}{\partial y^2} \end{pmatrix} = 48x^2 - 16$$

$(x, y) = (0, 0)$ のとき、$d = -16$　　極点でない

$(x, y) = (1, 1)$ のとき、$d = 32$　　極小点

$(x, y) = (-1, -1)$ のとき、d=32　極小点

[38] リーマン和の各 $f(\mathrm{P}_{i,j})(x_i - x_{i-1})(y_j - y_{j-1})$ は $f(\mathrm{P}_{i,j}) = 1$ のとき、$(x_i - x_{i-1})(y_j - y_{j-1})$ という単なる長方形の面積となる。したがってそれを集めて加えたリーマン和は、領域 D の近似面積となる。極限をとると

$$\iint_D f(x, y)\,\mathrm{d}x\mathrm{d}y = [D \text{ の面積}]$$

[39] $\iint_K 3x^2 + 3y^2\,\mathrm{d}x\mathrm{d}y$

$$= \int_0^b \left(\int_0^a 3x^2 + 3y^2\,\mathrm{d}x \right)\mathrm{d}y$$

$$= \int_0^b a^3 + 3ay^2\,\mathrm{d}x = a^3 b + ab^3$$

[40] (1) 図1のように点 (x, y) における円すいの高さを z とする。(x, y) は原点から $r = \sqrt{x^2 + y^2}$ の距離のところにあるので図1の、$(x, y, 0)$、$(0, 0, 0)$、$(0, 0, h)$ での切断面を考えると図2のように

$$z = h \times \frac{R - r}{R}$$

$$= h - \frac{h}{R} r = h - \frac{h}{R}\sqrt{x^2 + y^2}$$

したがって体積は

$$\iint_D \left(h - \frac{h}{R}\sqrt{x^2 + y^2} \right)\mathrm{d}x\mathrm{d}y$$

(2) ヤコビ行列式は

$$\left| \det \begin{bmatrix} \cos\theta & -r\sin\theta \\ \sin\theta & r\cos\theta \end{bmatrix} \right| = r$$

より

$$\iint_D \left(h - \frac{h}{R}\sqrt{x^2 + y^2} \right)\mathrm{d}x\mathrm{d}y$$

$$= \int_0^{2\pi} \left(\int_0^R \left(h - \frac{h}{R}r \right) r \mathrm{d}r \right) \mathrm{d}\theta$$

$$= \int_0^{2\pi} \frac{1}{6} hR^2 \mathrm{d}\theta = \frac{1}{3} hR^2 \pi$$

これは、(底面積 πR^2)×(高さ h)×$\frac{1}{3}$、にあたるので確かに円すいの体積になっている。

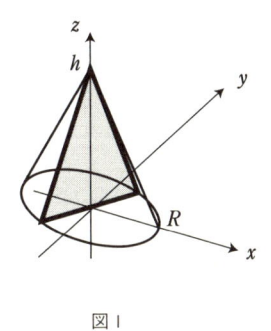

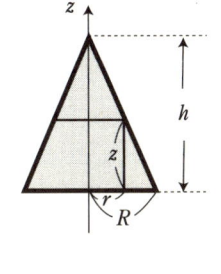

図 1

図 2

あとがき

　本書で微積分を勉強したあと味はいかがなものでしょうか。

　書き終えてみて、「この本は、あるようでない本になったな」という気がしています。「わかっている人はみんなそういう風に理解しているはずなのに、教科書には決してそんな風には書いてない」、そんな「秘訣(ひけつ)」のようなものを初めて書いた教科書になったと思います。

　なぜないかというと、本書で展開した微積分のイメージをそのまま厳密な証明の形式に乗せようとすると、かえってスマートさのない遠回りでまわりくどいものになりかねないからです。エレガンスをモットーとする数学者は、とかくこういうことを嫌います。法律の文章がなぜあんなにいかついかも、たぶん同じ原因に起因するのでしょう。かいつまんでわかりやすく書いてしまうと、削ぎ落とされるディテイルのために、法律としての完璧さを逸して、実務で支障をきたすからに違いありません。

　本書でそれが可能になった理由の1つは、本書が厳密さやエレガンスさを大胆に犠牲にしたからであり、もう1つは、筆者が現在、純粋数学より応用数学に関心を持っているからといえます。数学のユーザーにとっては、その理論の持つ厳密さよりも、その理論が可能にする「汎用性(はんようせい)」や「思考の節約」の方が貴重です。いってみれば、パソコンユーザーにとって、パソコンが「なぜ動くか」より、「どういう使い方ができるか」の方が重要なのと同じことです。本書は、後者をめざした本なのです。

　本書の解説は、長年数学を講義した経験の中で、理解しづらくて曇ってしまった学生の顔を見るに見かねて、大胆な比喩や飛躍やデフォルメでの説得を試みて学生をうなずかせた、そういう技を集大成しました。そんなわけですから、この本を書くにあたって参考にした本はあまりありません。しかし、1冊だけ、

堀川穎二『新しい解析入門コース』日本評論社

これはかなり参考にさせていただきました。本書より少し高度ですが、本書よりも厳密で、しかも本書のめざすところの成功を収めている本です。

是非、本書の後に一読されることをお勧めいたします。

　本書のそもそものアイデアは、大阪市立大学の加藤岳生氏との数学教育についての議論の中から生まれました。物理の研究者である加藤氏と経済の研究者である筆者との専門的な感覚の突き合わせが今回のような本を可能にしたといえます。加藤氏のオリジナルな発想が随所に導入されていますが、いちいち断りを入れないことを快諾してくださった加藤氏に、この場を借りてお礼を申し上げます。また本書を、ゲラの段階で精読してくださり、たくさんの誤りやゆきとどかない説明を指摘してくださった工藤康子氏にもお礼を申し上げます。そしてなにより、筆者が小学生向けに書いた数学絵本『ミステリーな算数』（小峰書店）を読んで、筆者にこの企画の白羽の矢を立てるという大英断をし、遅れがちな原稿を我慢強く編集してくださった大塚記央さんには、感謝の気持ちでいっぱいです。

　さて、本書を読んで十分楽しんでくださった方は、同じ著者の姉妹書『ゼロから学ぶ線形代数』を併せてお読みいただくことを是非ともお勧めします。こちらも、巷にはあまり見かけない方法で線形代数のツボとコツを提供する本になると自負しております。

21世紀最初の年に
小島寛之

索　引

1 あたり量　4, 27
1 次関数　2
1 次近似　110
1 次結合　148
1 階条件　51
2 階条件　55
2 階微分　30
2 次近似　110
2 乗平均　84
2 変数の置換積分の公式　187
2 変数のテーラー展開　162
3 次近似　110
$\cos x$ のテーラー展開　114
exponential　97
e^x のテーラー展開　113
$\sin x$ のテーラー展開　113

あ

泡のエネルギー　56
イプシロン・デルタ　10
陰関数　136
陰関数の導関数　139
陰関数の微分　138
オイラー数　97
オイラーの公式　114

か

階乗　99
ガウス分布　187
関数の増減　53
ガンマ関数　99
気体の状態方程式　119
逆演算　83
求積　65

球の体積　176
供給曲線　57
極限　9
極座標表示　189
極小値　50
極小点　50
曲線と x 軸の囲む面積　74
極大値　50
極大点　50
極値　50
極値の定義　50
区間接合の公式　77
区間反転の公式　77
グラフの概形　54
グラフの等高線分析　119
限界費用　31
原始関数　85
原始関数の存在定理　90
合成関数の微分公式　44
コブ＝ダグラス型生産関数　119

さ

最小値　50
最大値　50
細分　69
三角関数　106
三角関数の導関数　106
指数関数　96
自然対数関数　97
実数の公理　70
シャドウプライス　153
重積分　169
重積分の加法性　180
重積分の線形性　180
収束半径　111

瞬間速度　30
条件付き極値問題　140
商の微分公式　43
初期量　4
生産関数　119
積の微分公式　39
積分の線形性の公式　77
接線　19
接線の傾き　12
接平面　131
線形性　38
線形代数　2
全微分公式　131
双1次関数　122
双曲線　165
相乗平均　79, 84

た，な

代表数　69
楕円　164
端点解　58
断面図　120
置換積分　86
置換積分の公式　89
調和平均　84
定数倍の微分公式　36
テーラー展開　108
テーラー展開の公式　111
等加速度運動　30
導関数　14
等高線　120
内積　123

は

パラメーター　103
パラメーター表示された曲線の長さ　105

微積分学の基本定理　82
微分　1
微分行列　161
微分係数　12
費用関数　31
符号つき面積　74
フビニの定理　175
部分積分　97
部分積分の公式　98
平均　67
平均速度　29
平均値の定理　59
平均費用　31
べき乗関数の導関数　42
べき乗根関数の導関数　49
ベクトルの垂直条件　123
偏導関数　130
偏微分　124, 130
偏微分係数　129
法線方向　148

ま，や，ら，わ

無限等比数列の和の公式　112
無差別　59
ヤコビ行列　162
ライプニッツ記号　15
落体法則　29
ラグランジュ乗数　144, 149
ラグランジュ乗数法　140
リーマン積分　73
リーマン積分の基本定理　70
リーマン和　68
利潤関数　58
累次積分　175
ルベーグ積分　179
連鎖律公式　159
ロルの定理　61
和の微分公式　35

著者紹介

小島 寛之
(こじま ひろゆき)

1958年　東京生まれ。
東京大学理学部数学科卒業。
東京大学大学院経済学研究科博士課程を経て、
現在、帝京大学経済学部講師。
著書に、「ゼロから学ぶ微分積分」など多数。

NDC413　222p　21cm

ゼロから学ぶ微分積分

2001年4月20日　第1刷発行
2002年8月1日　第5刷発行

著　者	小島　寛之 (こじま ひろゆき)
発行者	野間佐和子
発行所	株式会社　講談社
	〒112-8001　東京都文京区音羽2-12-21
	販売部　(03)5395-3624
	業務部　(03)5395-3615
編　集	株式会社　講談社サイエンティフィク
	代表　鈴木俊男
	〒162-0814　東京都新宿区新小川町9-25　日商ビル
	編集部　(03)3235-3701
印刷所	豊国印刷株式会社・半七写真印刷工業株式会社
製本所	株式会社国宝社

落丁本・乱丁本は、講談社書籍業務部宛にお送り下さい。
送料小社負担にてお取替えします。なお、この本の内容についてのお問い合わせは講談社サイエンティフィク編集部宛にお願いいたします。
定価はカバーに表示してあります。

© Kojima Hiroyuki, 2001

JCLS〈(株)日本著作出版権管理システム委託出版物〉
本書の無断複写は著作権法上での例外を除き禁じられています。複写される場合は、その都度事前に(株)日本著作出版権管理システム(電話 03-3817-5670、FAX 03-3815-8199)の許諾を得てください。

Printed in Japan
ISBN4-06-154652-X

講談社の自然科学書

ゼロから学ぶシリーズ

ゼロから学ぶ微分積分	小島寛之／著	本体 2,500 円
ゼロから学ぶ力学	都筑卓司／著	本体 2,500 円
ゼロから学ぶ量子力学	竹内 薫／著	本体 2,500 円
ゼロから学ぶ熱力学	小暮陽三／著	本体 2,500 円
ゼロから学ぶ相対性理論	竹内 薫／著	本体 2,500 円
ゼロから学ぶ統計解析	小寺平治／著	本体 2,500 円
ゼロから学ぶベクトル解析	西野友年／著	本体 2,500 円
ゼロから学ぶ線形代数	小島寛之／著	本体 2,500 円
ゼロから学ぶ電子回路	秋田純一／著	本体 2,500 円

なっとくシリーズ

なっとくする熱力学	都筑卓司／著	本体 2,700 円
なっとくする演習・熱力学	小暮陽三／著	本体 2,700 円
なっとくする統計力学	都筑卓司／著	本体 2,816 円
なっとくする解析力学	都筑卓司／著	本体 2,700 円
なっとくするフーリエ変換	小暮陽三／著	本体 2,700 円
なっとくする複素関数	小野寺嘉孝／著	本体 2,300 円
なっとくする虚数・複素数の物理数学	都筑卓司／著	本体 2,700 円
なっとくする微分方程式	小寺平治／著	本体 2,700 円
なっとくするベクトル	小野寺嘉孝／著	本体 2,700 円
なっとくする行列・ベクトル	川久保勝夫／著	本体 2,700 円
なっとくする演習・行列 ベクトル	牛瀧文宏／著	本体 2,700 円
なっとくする数学記号	黒木哲徳／著	本体 2,700 円
なっとくする集合・位相	瀬山士郎／著	本体 2,700 円
なっとくする微積分	中島匠一／著	本体 2,700 円
なっとくする一般力学	小暮陽三／著	本体 2,700 円
なっとくする材料力学	辻 知章／著	本体 2,700 円

単位が取れるシリーズ

単位が取れる 微積ノート	馬場敬之／著	本体 2,400 円
単位が取れる 力学ノート	橋元淳一郎／著	本体 2,400 円

この本体価格に消費税が加算されます。定価は変わることがあります。

講談社サイエンティフィク　http://www.kspub.co.jp/